This series aims to report new developments in mathematical economics and operations research and teaching quickly, informally and at a high level. The type of material considered for publication includes:

1. Preliminary drafts of original papers and monographs

2. Lectures on a new field, or presenting a new angle on a classical field

3. Seminar work-outs

4. Reports of meetings

Texts which are out of print but still in demand may also be considered if they fall within these categories.

The timeliness of a manuscript is more important than its form, which may be unfinished or tentative. Thus, in some instances, proofs may be merely outlined and results presented which have been or will later be published elsewhere.

Publication of *Lecture Notes* is intended as a service to the international mathematical community, in that a commercial publisher, Springer-Verlag, can offer a wider distribution to documents which would otherwise have a restricted readership. Once published and copyrighted, they can be documented in the scientific literature.

Manuscripts
Manuscripts are reproduced by a photographic process; they must therefore be typed with extreme care. Symbols not on the typewriter should be inserted by hand in indelible black ink. Corrections to the typescript should be made by sticking the amended text over the old one, or by obliterating errors with white correcting fluid. Should the text, or any part of it, have to be retyped, the author will be reimbursed upon publication of the volume. Authors receive 75 free copies.

The typescript is reduced slightly in size during reproduction; best results will not be obtained unless the text on any one page is kept within the overall limit of 18 x 26.5 cm (7 x 10 ½ inches). The publishers will be pleased to supply on request special stationery with the typing area outlined.

Manuscripts in English, German or French should be sent to Prof. Dr. M. Beckmann, Department of Economics, Brown University, Providence, Rhode Island 02912/USA or Prof. Dr. H. P. Künzi, Institut für Operations Research und elektronische Datenverarbeitung der Universität Zürich, Sumatrastraße 30, 8006 Zürich.

Die „*Lecture Notes*" sollen rasch und informell, aber auf hohem Niveau, über neue Entwicklungen der mathematischen Ökonometrie und Unternehmensforschung berichten, wobei insbesondere auch Berichte und Darstellungen der für die praktische Anwendung interessanten Methoden erwünscht sind. Zur Veröffentlichung kommen:

1. Vorläufige Fassungen von Originalarbeiten und Monographien.

2. Spezielle Vorlesungen über ein neues Gebiet oder ein klassisches Gebiet in neuer Betrachtungsweise.

3. Seminarausarbeitungen.

4. Vorträge von Tagungen.

Ferner kommen auch ältere vergriffene spezielle Vorlesungen, Seminare und Berichte in Frage, wenn nach ihnen eine anhaltende Nachfrage besteht.

Die Beiträge dürfen im Interesse einer größeren Aktualität durchaus den Charakter des Unfertigen und Vorläufigen haben. Sie brauchen Beweise unter Umständen nur zu skizzieren und dürfen auch Ergebnisse enthalten, die in ähnlicher Form schon erschienen sind oder später erscheinen sollen.

Die Herausgabe der „*Lecture Notes*" Serie durch den Springer-Verlag stellt eine Dienstleistung an die mathematischen Institute dar, indem der Springer-Verlag für ausreichende Lagerhaltung sorgt und einen großen internationalen Kreis von Interessenten erfassen kann. Durch Anzeigen in Fachzeitschriften, Aufnahme in Kataloge und durch Anmeldung zum Copyright sowie durch die Versendung von Besprechungsexemplaren wird eine lückenlose Dokumentation in den wissenschaftlichen Bibliotheken ermöglicht.

Lecture Notes in
Operations Research and
Mathematical Systems

Economics, Computer Science, Information and Control

Edited by M. Beckmann, Providence and H. P. Künzi, Zürich

47

H. A. Nour Eldin

Eidg. Technische Hochschule Zürich

Optimierung linearer Regelsysteme mit quadratischer Zielfunktion

Habilitationsschrift an der Abteilung für Elektrotechnik
der Eidgenössischen Technischen Hochschule Zürich, 1971

Springer-Verlag
Berlin · Heidelberg · New York 1971

AMS Subject Classifications (1970): 34H05, 49Axx, 49Dxx, 93Cxx

ISBN-13: 978-3-540-05465-8   e-ISBN-13: 978-3-642-95212-8
DOI: 10.1007/978-3-642-95212-8

VORWORT

Die vorliegende Arbeit befasst sich mit der Optimierung
linearer Regelsysteme mit quadratischer Zielfunktion, unter Berücksichtigung, dass die Zustands- bzw. Steuergrössen begrenzt sein können. Ferner ist man auch frei, die
Endbedingungen vorzuschreiben.

Um dieses Problem zu lösen, hat der Autor eine direkte Optimierungsmethode entwickelt, welche das Problem auf eine
quadratische (oder konvexe) Programmierungsaufgabe über-
trägt, deren Lösung mit Hilfe von Methoden des Operations
Research bekannt ist.

Der Verfasser zeigt dann, wie man diese Methode auf Systeme mit Totzeiten, Systeme mit verteiltem Parameter, abge-
tasteten Systemen sowie auf Systeme unter dem Einfluss von
Rauschen anwendet. Verschiedene praktische Aufgaben können
damit gelöst werden, wovon ein Beispiel in dieser Arbeit
behandelt wird.

Der Autor hat mit dieser Arbeit einen neuen Weg für die Lösung dieser wichtigen Regelungsaufgaben geebnet und seine Methoden haben in verschiedenen Arbeiten am Lehrstuhl für Automatik Anwendung gefunden.

Ich hoffe, dass diese wertvolle Arbeit auf weites Interesse
stösst.

Institut für Automatik und
Industrielle Elektronik der ETH

Prof.Dr. M.Mansour

Inhaltsverzeichnis

KAPITEL 2

EINLEITUNG

Die linearen Regelsysteme können durch lineare gewöhnliche Differentialgleichungen, lineare Differenzengleichungen, lineare
partielle Differentialgleichungen oder lineare Differenzen-Dif-
ferentialgleichungen beschrieben werden. So kann zum Beispiel
ein kontinuierliches Regelsystem durch die folgenden Gleichungen
beschrieben werden:

$$\dot{\underline{x}}(t) \;=\; A(t)\,\underline{x}(t) + B(t)\,\underline{u}(t)$$

$$\underline{y}(t) \;=\; H(t)\,\underline{x}(t)$$

$$\underline{u}(t)\,\varepsilon\,U \quad ; \quad \underline{x}(t)\,\varepsilon\,X \quad ; \quad t\varepsilon\left[t_o,T\right]$$

wobei

$\underline{x}(t)$ der Zustandsvektor   (Dimension n)

$\underline{u}(t)$ der Steuervektor   (Dimension r)

$\underline{y}(t)$ der Messvektor   (Dimension m)
        (oder Ausgangsvektor)

U   der r-dimensionale Steuerungsbereich

X   der n-dimensionale Zustandsbereich

$A(t)$; $B(t)$; $H(t)$ sind die Zustands-, Steuer-
und Messmatrizen.

Die allgemeine Steuerungsaufgabe für das System (A) besteht nun
darin, den Steuervektor $\underline{u}(t)$ während des Intervalls $\left[t_o,T\right]$ zu
bestimmen, so dass das System (A) von seinem Anfangszustand $\underline{x}(t_o)$

zu einem bestimmten Endzustand $\underline{x}(T)$ übergeht. Dieses Problem
ist in der Regelungstechnik unter der Bezeichnung "Zustands-
steuerungsaufgabe" (abgekürzt:ZS-Aufgabe) bekannt. Wird zudem
verlangt, dass der Steuervektor $\underline{u}(t)$ eine Funktion des momentanen
Zustandsvektors $\underline{x}(t)$ ist, d.h.

$$\underline{u}(t) = M(t,\underline{x}(t)) \qquad\qquad (1)$$

$$t\epsilon\ [t_o,T]$$

so besteht die neue Aufgabe darin, die Transformation $M(t,\underline{x}(t))$
zu bestimmen. Der Steuervektor $\underline{u}(t)$ ist in diesem Fall für jedes
t und $\underline{x}(t)$ durch die Rückführungsformel in Gleichung (1) gegeben. Speziell wenn

$$\underline{u}(t) = M(t)\ \underline{x}(t) \qquad\qquad (2)$$

ist, ist die Rückführung linear, und die (r,n) Matrix M(t) ist
als Rückführungsmatrix bekannt.

Wird eine Lösung für $\underline{u}(t)$ in der Form von Gleichung (1) gesucht,
so wird die gestellte Aufgabe keine ZS-Aufgabe mehr, sondern eine
"Zustandsregelungsaufgabe" (abgekürzt: eine ZR-Aufgabe) sein.
Falls eine Lösung einer ZS-Aufgabe vorhanden ist, so kann man
nicht immer daraus schliessen, dass eine Lösung der ZR-Aufgabe
möglich ist. Auch, wenn diese Möglichkeit besteht, ist es meistens nicht bekannt, wie man solche Lösungen (d.h. $M(t$, $\underline{x}(t))$
konstruiert. Trotzdem ist man oft bestrebt, die Lösung der ZS-
Aufgabe zu bestimmen, um nachher eine passende Transformations-
rückführung $M(t,\underline{x}(t))$ zu erstellen. Die Bestimmung von $M(t,\underline{x}(t))$
ist aber ein Problem für sich und wird in der Regelungstechnik
als das "Synthese-Problem" bezeichnet. So bestehen also haupt-
sächlich zwei Lösungswege für die ZR-Aufgabe. Der erste Lösungsweg benützt das momentane Rückführungsprinzip und besteht aus

der Suche nach einer geeigneten Rückführungstransformation
$M(t,\underline{x}(t))$. Der zweite Lösungsweg behandelt zuerst die <u>ZS-Aufgabe</u> und nachher das <u>Synthese-Problem.</u>

In den oben besprochenen ZS- oder ZR-Aufgaben wurde der Einfluss der Einschränkungen von $\underline{u}(t)$ oder $\underline{x}(t)$ in den Bereichen
U und X nicht diskutiert. Es ist oft nicht möglich, über eine
beliebig grosse Steuergrösse $\underline{u}(t)$ zu verfügen. In den vielen
praktischen Anwendungen ist der verfügbare Steuervektor durch
die folgende Ungleichung <u>beschränkt</u>:

$$|\underline{u}(t)| \leq \underline{M}$$

Ausserdem darf man die Regelstrecke in (A) nicht in beliebige
Zustände $\underline{x}(t)$ bringen. Der Zustandsvektor darf den zulässigen
Bereich X (meistens konvexer Bereich) nicht verlassen. Berücksichtigt man solche Restriktionen für $\underline{u}(t)$ und $\underline{x}(t)$ bei der
Lösung der ZS- oder ZR-Aufgabe, so wird diese Lösung wesentlich
komplizierter. In diesem Fall kann für gewisse Anfangsbereiche
die innerhalb von X liegen, kein zulässiger Steuervektor $\underline{u}(t)$
gefunden werden.

Die technisch geschaffenen (oder interessanten) Regelstrecken
erlauben für einen grossen Bereich der Anfangsbedingungen nicht
nur eine Lösung $\underline{u}(t)$ der ZS-Aufgabe mit $\underline{u}(t) \in U$ und $\underline{x}(t) \in X$,
sondern mehrere Lösungen. Diese Lösungen besitzen verschiedene
Verläufe für die Vektoren $\underline{x}(t)$ und $\underline{u}(t)$. Dieser Umstand erlaubt
dem Regelungstechniker, die Formulierung der ZS- oder ZR-Aufgabe
zu erweitern in dem Sinne, dass ein Mass für die Güte der Regelung definiert wird. Die verschiedenen Lösungen können anhand
dieses Masses verglichen werden, um die beste Lösung - in diesem
Sinne - zu bestimmen. Man nennt diese Lösung die "<u>optimale Lösung</u>"
und das verwendete Mass für die Güte die "<u>Zielfunktion</u>".

Ausdrücke wie: <u>zeitoptimal</u>, <u>brennstoffoptimal</u> und andere,
fasst man zusammen als "<u>optimale ZS- oder ZR-Aufgaben</u>". Manchmal besitzt die Zielfunktion eine unmittelbare physikalische
Bedeutung. Oft ist aber die Zielfunktion nur ein Mass für das
Verhalten der Steuerung (oder Regelung).

Unter den verschiedenen Zielfunktionen die in der optimalen
Regelungstechnik vorkommen, wird hier die <u>quadratische Ziel-
funktion</u> betrachtet. Eine solche Zielfunktion besitzt die folgende Form [1,3,43,46]

$$Z(\underline{x}(t) \; ; \; \underline{u}(t)) = \underline{x}(T).S.\underline{x}(T)$$

$$+ \int_{t_o}^{T} (\underline{x}'(t).Q(t).\underline{x}(t) + \underline{u}'(t).R(t).\underline{u}(t))dt$$

$$(3)$$

wobei:

T die vorgegebene Zeitdauer der Steuerung

S eine <u>symmetrische positiv-semidefinite</u> Matrix

$Q(t)$ eine <u>symmetrische positiv-semidefinite</u> Matrix für $t \epsilon [t_o,T]$

$R(t)$ eine <u>symmetrische positiv-definite</u> Matrix für $t \epsilon [t_o,T]$

ist. (Abgekürzt: $S \geq o$; $Q(t) \geq o$; $R(t) > o$)

Der erste Term in dieser Zielfunktion stellt die Abweichung des
Endzustandsvektors $\underline{x}(T)$ vom gewünschten Wert $\underline{x}(T) = 0$ dar. Der
erste Term unter dem Integralzeichen deutet auf das dynamische
Verhalten der Regelstrecke hin. Die zeitliche Abweichung von
$\underline{x}(t)$ während der Regelungsdauer wird mit der Gewichtsmatrix $Q(t)$
bewertet. Der zweite Term kann als ein Mass für die Steuerungs-
kosten (wirkliche oder bewertete) betrachtet werden.

Die Minimalisierung der Zielfunktion $Z(\underline{x}(t),\underline{u}(t))$ durch die
Wahl der Steuergrösse $\underline{u}(t)$ für das System A führt zur folgenden Optimierungsaufgabe: [1,3,43]

$$\mathop{\text{Min}}_{\underline{u}(t)} Z(\underline{x}(t);\underline{u}(t)) = \underline{x}'(T).S.\underline{x}(T)$$

$$+ \int_{o}^{T} (\underline{x}'(t).Q(t).\underline{x}(t) + \underline{u}'(t).R(t).\underline{u}(t))dt$$

wobei
$$R(t) > o \quad ; \quad Q(t) \geq o \quad \text{für} \quad t\varepsilon[o,T]$$

$$S \quad \geq o$$

und
$$\dot{\underline{x}}(t) = A(t)\,\underline{x}(t) + B(t)\underline{u}(t)$$

$$\underline{x}(o) = \underline{\varepsilon} \tag{4}$$

Bevor man zur bekannten Lösung dieser Aufgabe schreitet, sei
hier noch erwähnt, dass die Wahl dieser quadratischen Zielfunktion vom mathematischen Standpunkt aus, für die Variationsmethoden geeignet ist. Sie umfasst aber wichtige Fälle,
die in der Regelungstechnik oft vorkommen, nicht. Diese Fälle
werden im ersten Kapitel erwähnt und behandelt.

Die bekannte Lösung der obigen Optimierungsaufgabe setzt die
folgenden Annahmen voraus:

A1: Der Steuervektor $\underline{u}(t)$ und der Zustandsvektor $\underline{x}(t)$ sind

unbeschränkt. Sie sind keinen Restriktionen unterworfen.

A2: Der Endwert des Zustandsvektors $\underline{x}(t)$ ist frei. Dies be-

deutet, dass kein Endzustand vorgeschrieben ist.

Mit diesen beiden Annahmen A1 und A2, sowie der Bedingungen
$R(t) > o$; $Q(t) \geq o$; $S \geq o$ kann man zeigen, [1] dass der
optimale <u>Steuervektor</u> $\underline{u}^*(t)$ <u>eine lineare Rückführung des Zu-
standsvektors</u> $\underline{x}^*(t)$ ist.

$$\underline{u}^*(t) = - M(t) \ \underline{x}^*(t) \tag{5}$$

wobei:
$$M(t) = R^{-1}(t).B'(t).K(t) \tag{6}$$

und die (n,n) Matrix K(t) die folgende <u>nichtlineare Riccati-
Matrix-Differentialgleichung</u> erfüllt

$$\dot{K}(t) + K(t)A(t) + A'(t)K(t) - K(t)B(t)R^{-1}(t)B'(t)K(t) + Q(t) = 0$$

$$K(T) = S \tag{7}$$

Man versteht die Rolle der beiden Annahmen A1 und A2 am
besten, wenn man die Hamilton'sche Funktion $H(\underline{x}(t),\underline{\psi}(t)$;
$\underline{u}(t)$; $t)$ bildet

$$H(\underline{x}(t),\underline{\psi}(t),\underline{u}(t),t) = \underline{\psi}'(t)[A(t)\underline{x}(t) + B(t)\underline{u}(t)]$$

$$+ \underline{x}'(t).Q(t).\underline{x}(t) + \underline{u}'(t)R(t)\underline{u}(t) \tag{8}$$

wobei:
$\underline{\psi}(t)$ der adjungierte Vektor ist

und $\quad \dot{\underline{\psi}}(t) = - A'(t)\underline{\psi}(t) - 2Q(t).\underline{x}(t)$

$\qquad \underline{\psi}(T) = \ 2S.\underline{x}(T) \tag{9}$

(weil $\underline{x}(T)$ frei ist)

Die Annahme A2 erlaubt uns also, die <u>Endwerte</u> des adjungierten
Vektors $\underline{\psi}(T)$ durch die lineare Transformation von $\underline{x}(T)$ zu kennen.

Wären aber Endbedingungen vorhanden, z.B. $x_k(T) = c_k$, $k \leq n$,
so wären manche Endwerte $\psi_k(T)$ nicht bekannt. Man sollte in
diesem Fall mit unbekannten Endwerten $\psi_k(T) = c_k'$ arbeiten,
die als Lagrange-Multiplikatoren angesehen werden können.
Sie müssen allerdings genau berechnet werden [38].

Die Annahme A1 erlaubt eine einfache Optimierung der Hamilton-
schen Funktion $H(\underline{x}(t),\underline{\psi}(t),\underline{u}(t),t)$, welche quadratisch in
$\underline{u}(t)$ ist. Damit erhält man den optimalen Steuervektor $\underline{u}^*(t)$

$$\underline{u}^*(t) = - 0.5R^{-1}(t)B'(t)\,\underline{\psi}^*(t) \tag{10}$$

Der optimale Zustandsvektor $\underline{x}^*(t)$ wird durch die folgende
Gleichung bestimmt:

$$\frac{d}{dt}\begin{bmatrix} \underline{x}^*(t) \\[2em] \underline{\psi}^*(t) \end{bmatrix} = \begin{bmatrix} A(t) & -0.5B(t)R^{-1}(t)B'(t) \\[2em] -2Q(t) & -A'(t) \end{bmatrix} \cdot \begin{bmatrix} \underline{x}^*(t) \\[2em] \underline{\psi}^*(t) \end{bmatrix}$$

$$\underline{\psi}^*(T) = 2S.\underline{x}^*(T) \tag{11}$$

$$x^*(o) = \underline{x}(o) \qquad (\text{gegeben!})$$

Gleichung (11) ist eine <u>lineare Randwertaufgabe</u> für ein
Differentialgleichungssystem 2n-ten Ordnung. Aus der Lösung dieser
linearen Randwertaufgabe erhält man neben dem optimalen Zu-
standsvektor $\underline{x}^*(t)$ den optimalen adjungierten Vektor $\underline{\psi}^*(t)$.
Damit ist die Lösung der optimalen ZS-Aufgabe für $\underline{u}^*(t)$ durch
Gleichung (10) erreicht. Man bemerkt, dass <u>$\underline{u}^*(t)$ nur von $\underline{x}(o)$</u>

<u>abhängt.</u>

Die Lösung der optimalen ZR-Aufgabe kann man aus der <u>Rückführung</u>
<u>der linearen Randwertaufgabe zu einer Anfangswertaufgabe ge-</u>
<u>winnen.</u>

Durch den Ansatz

$$\underline{\psi}^*(t) = 2K(t)\,\underline{x}^*(t) \tag{12}$$

wird die Gleichung (11) durch die folgenden Gleichungen
ersetzt:

$$\underline{\dot{x}}^*(t) = [A(t) - B(t)R^{-1}(t)B'(t)K(t)]\underline{x}^*(t)$$

$$\underline{x}^*(o) = \underline{x}(o) \tag{13}$$

und

$$\frac{d}{dt}[K(t)\underline{x}^*(t)] = - [Q(t) + A'(t)K(t)]\underline{x}^*(t)$$

$$K(T)\underline{x}(T) = S\underline{x}(T) \tag{14}$$

Die Gleichung (13) und (14) werden erfüllt, wenn $K(t)$ aus
der Riccati-Differentialgleichung (7) berechnet ist. Die
Bedingungen $R(t) > o$; $Q(t) \geq o$; $S \geq o$ sorgen dafür, dass
$K(t)$ positiv-definit für $o \leq t < T$ ist und, dass die optimale Steuergrösse

$$\underline{u}^*(t) = - R^{-1}(t)B'(t)K(t)\underline{x}^*(t) = - M(t)\underline{x}^*(t) \tag{15}$$

<u>für ein vollständig steuerbares System (A)</u> die eindeutig
optimale Lösung ist. $\underline{u}^*(t)$ ist eine <u>lineare Rückführung des
Zustandes</u> $\underline{x}^*(t)$, welcher die Lösung der optimalen ZR-Aufgabe
ergibt.

Man kann aber die Lösung der ZR-Aufgabe direkt erreichen,
ohne die Ermittlung der ZS-Aufgabe, indem man die <u>Hamilton-
Jacobi</u> <u>partielle Differentialgleichung</u> der Variationsrechnung
benützt.

Setzt man

$$V(\underline{x},t) = \int_t^T (\underline{x}'(t).Q(t).\underline{x}(t) + \underline{u}'(t).R(t).\underline{u}(t))dt$$
$$+ \underline{x}'(T)S\underline{x}(T) \qquad (16)$$

und bildet die Hamilton'sche Funktion

$$H(\underline{x},V'_{\underline{x}},\underline{u},t) = V'_{\underline{x}}(A(t)\underline{x}(t) + B(t)\underline{u}(t))$$
$$+ \underline{x}'(t)Q(t)\underline{x}(t) + \underline{u}'(t)R(t)\underline{u}(t) \qquad (17)$$

so erreicht diese Funktion das Extremum (wegen der Annahme A1) bei $H_{\underline{u}} = o$. Daraus folgt

$$\underline{u}^*(t) = - 0.5\ R^{-1}(t)B'(t)V_{\underline{x}} \qquad (18)$$

Wegen $\dfrac{\delta H}{\delta \underline{u}^2} = 2R(t) > o$ ist dieses Extremum ein Minimum.

Die minimale Hamilton'sche Funktion H* lautet

$$H^*(\underline{x},V_{\underline{x}},t) = V'_{\underline{x}}.A(t).\underline{x}(t) - 0.25\ V'_{\underline{x}}.B(t)R^{-1}B(t).V_{\underline{x}}$$
$$+ \underline{x}'(t).Q(t).\underline{x}(t) \qquad (19)$$

Die notwendige und hinreichende Bedingung für die optimale Regelung wird erreicht, wenn die Funktion $V(\underline{x},t)$ die <u>Hamilton-Jacobi-Differentialgleichung</u>

$$\frac{\delta V(\underline{x},t)}{\delta t} + H^*(\underline{x},V_{\underline{x}},t) = o \qquad (20)$$

mit der Bedingung

$$V(x,T) = \underline{x}'(T).S.\underline{x}(T) \qquad (21)$$

für $\underline{x}^*(t)$ erfüllt. Man muss also die folgende, nicht-lineare, partielle Differentialgleichung erster Ordnung

$$\frac{\delta V(\underline{x},t)}{\delta t} + V'_{\underline{x}} \cdot A(t)\underline{x}(t) - 0.25\ V'_{\underline{x}} \cdot B(t)R^{-1}(t)B'(t) \cdot V_{\underline{x}}$$

$$+ \underline{x}'(t) \cdot Q(t) \cdot \underline{x}(t) = o$$

mit

$$V(\underline{x}(T),T) = \underline{x}(T)S\underline{x}(T) \tag{22}$$

lösen. Mit dem quadratischen Ansatz

$$V(\underline{x},t) = \underline{x}'(t) \cdot K(t) \cdot \underline{x}(t)$$

$$K(T) = S \quad ; \quad K'(t) = K(t) \tag{23}$$

reduziert sich die partielle Differentialgleichung (22) auf die nichtlineare Riccati-Differentialgleichung (7). Die optimale Lösung für $\underline{u}^*(t)$ wird nach Gleichung (18) und (23) genau wie in Gleichung (15) sein.

Zusammenfassend erhält man für unbeschränkte Steuer- und Zustandsgrössen $\underline{u}(t)$ und $\underline{x}(t)$, bei freiem Endwert $\underline{x}(T)$, eine lineare Rückführung (Gleichung (5)), die man aus der Riccati-Matrixdifferentialgleichung (Gleichung (7)) bestimmt. Diese Rückführung heisst deswegen die Riccati-Rückführung. Bei der Berechnung dieser Rückführung aus Gleichung (5) und (7) sind zwei Rechenphasen erforderlich:

a) Die "off-line"-Phase

   Die Lösung der Matrix-Riccati-Differentialgleichung (7) muss rückwärts erfolgen und gespeichert werden. Im Prinzip wäre es notwendig, nur K(o) allein zu speichern um während der "on-line"-Phase die Differentialgleichung vorwärts zu lösen. Das ist aber numerisch nicht möglich, weil die Riccati-Differentialgleichung für K(t) in der Vorwärtsrichtung sehr instabil ist [38,43]. Der notwendige

   Rechenaufwand ist die Auflösung von $\frac{n(n+1)}{2}$ Differentialgleichungen.

Für n = 3 sind dies 6 Differentialgleichungen

   n = 10 sind dies 55 Differentialgleichungen

   n = 30 sind dies 465 Differentialgleichungen

rn Funktionen (die Elemente von M(t)) müssen aus der
Lösung berechnet und gespeichert werden.

b) Die "On-line"-Phase

Sie besteht aus der Speicherung der Elemente von M(t) und
der Multiplikation von M(t)*$\underline{x}$(t). Diese Multiplikation
muss möglichst kontinuierlich erfolgen, was eine kurze
Schrittweite der Berechnung erfordert.

Wegen der hohen Anzahl von gewöhnlichen Differentialgleichungen
die notwendig sind um K(t) zu berechnen, ist die Anwendung der
Riccati-Rückführung für grosse Systeme praktisch nicht durchführbar. Das führt zum Gedanken, suboptimale Rückführungen
zu verwenden [24]. In [24] wurde die Rückführung durch den
folgenden Ansatz approximiert

$$u*(\underline{x},t) = - \sum_{i=1}^{N} a_i(t).L_i.\underline{x}(t) \qquad (24)$$

(die (r,n) Matrizen L_i sind konstant.)

Die Matrizen L_i sollten durch eine Grandientenmethode er-
mittelt werden. In der Veröffentlichung [24] wurden aber nur
die notwendigen Bedingungen für L_i aufgestellt, ohne Angaben
über iterative Berechnung. Dazu ist die Wahl der Basisfunktionen
a_i(t) sehr subjektiv und schwierig. In einem darauffolgenden
Artikel [25] wurden Impulsfunktionen als Basisfunktionen a_i(t)
angenommen. Die Rückführung K(t) ist also stückweise konstant.
Das ermöglicht eine iterative Berechnung der L_i Matrizen.Die
Iterationsgeschwindigkeit hängt aber von der Anfangsschätzung
ab.

Es gibt noch weitere Literatur, insbesondere [38] über die
Lösung der Riccati-Differentialgleichung oder die Schwächung
der Bedingung R(t) > o. In weiteren Arbeiten [2,28,48] sind
lineare und nichtlineare Restriktionen über $\underline{u}(t)$ oder $\underline{x}(t)$
unter Benützung des Maximum Prinzipes von Pontryagin berück-
sichtigt worden. Diese Arbeiten beschränken sich aber auf das
Existenzproblem oder die Form der Steuergrösse $\underline{u}(t)$. Die Lösung
der resultierenden, nichtlinearen Randwertaufgabe bildete die
Hauptschwierigkeit.

Diskussion über die vorhandene Methode

Die Hauptpunkte der Kritik an der vorgelegten Methode liegen
in den Annahmen A1 und A2. Insbesondere ist die erste Annahme
für die resultierende Lösung sehr wichtig. Unterliegt nämlich
$\underline{u}(t)$ gewissen Restriktionen, so kann der optimale Steuervektor
$\underline{u}^*(t)$ nicht mehr durch die Gleichung (5) für alle Anfangsbedingungen $\underline{x}(o)$ dargestellt werden. Die Randwertaufgabe wird
nichtlinear und die Riccati-Lösung von K(t) wird nichtmehr -
ausser in einem gewissen Bereich der Anfangsbedingungen - seine
frühere Rolle spielen. Hier wird auch nicht bekannt, wie die
Rückführung stattfinden kann, oder, ob überhaupt eine Rückführung möglich ist. Auch die suboptimale Lösung kann nicht
mehr für alle Anfangsbedingungen als lineare Rückführung angenommen werden. Eine direkte Approximation der Rückführungs-
funktion M(t,$\underline{x}$) dürfte wegen Unkenntnis der Form dieser Rück-
führungsfunktion nicht erfolgversprechend sein.

Bei festgegebener Endbedingung (z.B. $\underline{x}(T)$ = o) tritt neben
dem Nachteil, dass die Riccati-Rückführung nicht direkt er-
reichbar wird, das singuläre Verhalten der Rückführungsmatrix
M(t) bei t = T auf. In [40,41] wurde gezeigt, dass diese Matrix
einen Pol bei t = T besitzt. Die Verstärkung ist also unend-

lich, was bei der Realisierung (rechnerisch und apparaten-
mässig) sehr nachteilig ist.

Sämtliche Nachteile die oben erläutert wurden, vergrössern
sich bei der Erweiterung der beschriebenen Methode auf Regelsystemen mit Totzeitgliedern oder auf Regelsystemen mit verteilten Parametern so, dass eine praktische Durchführung einer
optimalen Rückführung ausgeschlossen ist. Ueberhaupt darf ge-
sagt werden, dass die Riccati-Rückführungsmethode nur für
Regelstrecken mit tieferer Ordnung n vorteilhaft sein kann.
Es drängt sich daher die Suche nach einer Rückführungsmethode
auf, die die gezeigten Schwierigkeiten beseitigt.

In der vorliegenden Arbeit wird ein Lösungsweg vorgeschlagen
der zum allgemeinen Rückführungsgesetz bei <u>unbeschränkten oder</u>
<u>beschränkten</u> Steuer- und Zustandsgrössen $\underline{u}(t)$, $\underline{x}(t)$ <u>führt</u>.
Zudem ist die erhaltene Lösung für verschiedene Arten der Re-
gelstrecke, wie Systeme mit Totzeit oder verteilte Systeme,
gültig. Ausgehend von der Tatsache, dass die Anwendung von
Variationsmethoden bei Restriktiven für $\underline{x}(t)$ zu komplizierten
oder unvollständigen Resultaten führt, wird eine <u>direkte Methode</u>
verwendet. Unter der <u>praktischen</u> Voraussetzung, dass die Steuergrösse $\underline{u}(t)$ stückweise konstant ist, wird eine einfache Lösung
des Problems vorgeschlagen. Es wird im wesentlichen gezeigt,
dass der Rückführungsalgorithmus für den <u>betragsbeschränkten</u>
Steuervektor $\underline{u}(t)$ eine <u>quadratische Programmierungsaufgabe</u> ist,
wie sie in der mathematischen Programmierung - oder "Operations
Research" - bestens bekannt ist. Für allgemeine konvexe Restriktionen wird die Rückführung eine <u>konvexe Programmierungs-</u>
<u>aufgabe</u> sein. Erwartungsgemäss reduziert sich die Rückführung
auf eine <u>lineare Rückführung</u>, falls keine Restriktionen für
$\underline{u}(t)$ oder $\underline{x}(t)$ vorhanden sind. Auch in diesem Falle zeigt die
neue Lösungsmethode viel bessere Eigenschaften als die Riccati-
Rückführung und ist für die <u>**computergesteuerten Anlagen**</u> **besser**

geeignet. Insbesondere sei erwähnt, dass diese Resultate
für lineare Regelsysteme allgemein gültig sind. So kann man
die oben geschilderten Ergebnisse sehr leicht auf Systeme
mit Totzeit, auf getastete Systeme und auf Systeme mit verteilten Parametern übertragen.

<u>Kapitel 1</u>

1. <u>DIE OPTIMIERUNGSAUFGABE für LINEARE KONTINUIERLICHE REGEL-</u>
<u>SYSTEME mit QUADRATISCHEN ZIELFUNKTIONEN</u>

Zuerst wird hier die optimale Ausgangssteuerung (die AS-Aufgabe) für lineare Regelsysteme, die durch gewöhnliche Differentialgleichungen beschrieben sind, behandelt. Die Lösungs-
möglichkeit der optimalen AR-Aufgabe wird später erläutert.

1.1. <u>DIE FORMULIERUNG DER OPTIMIERUNGSAUFGABE</u>

a) <u>Die Zielfunktion</u>

Die quadratische Zielfunktion $Z(\underline{u}(t))$ lautet

$$Z(\underline{u}(t)) = \underline{y}'(T).S.\underline{y}(T) +$$

$$+ \int_{t_o}^{T} (\underline{y}'(t).Q(t).\underline{y}(t) + \underline{u}'(t).R(t).\underline{u}(t))dt \quad (25)$$

wobei

T die vorgegebene Zeitdauer ; $t_o = o$

S ist eine symmetrische, positiv-semidefinite (m,m) Matrix

$Q(t)$ ist eine symmetrische, positiv-semidefinite (m,m) Matrix

$R(t)$ ist eine symmetrische, positiv-definite (r,r) Matrix

Die Matrizen $Q(t)$ und $R(t)$ sind stückweise stetig für
$t\epsilon[o,T]$. Ausserdem kann der Ausgangsvektor $\underline{y}(t)$ im ersten
Term und (oder) im zweiten Term der Zielfunktion durch den
Zustandsvektor $\underline{x}(t)$ ersetzt werden. In diesem Falle hat man
es mit einer ZS-Aufgabe zu tun.

b) <u>Das Regelsystem</u>

Das lineare Regelsystem ist durch die folgende Gleichung
beschrieben:

$$\dot{\underline{x}}(t) = A(t)\,\underline{x}(t) + B(t)\,\underline{u}(t)$$

$$\underline{y}(t) = H(t)\,\underline{x}(t)$$

$$\underline{x}(o) = \underline{\varepsilon}$$

$$\underline{u}(t)\varepsilon U \quad ; \quad \underline{x}(t)\varepsilon X \tag{26}$$

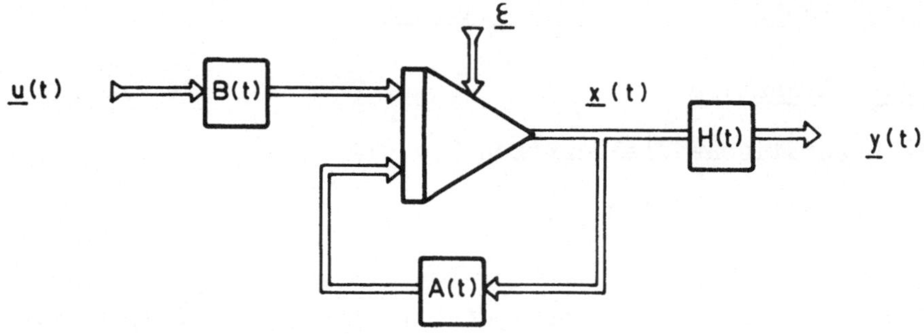

Bild 1. Das Regelsystem

wobei

$\underline{x}(t)$ der n-dimensionale Zustandsvektor

$\underline{y}(t)$ der m-dimensionale Messvektor (Ausgangsvektor)

$\underline{u}(t)$ der r-dimensionale Steuervektor

U   der Steuerbereich

X   der Zustandsbereich

$A(t)$ die (n,n) Zustandsmatrix

$B(t)$ die (n,r) Steuermatrix

$H(t)$ die (m,n) Messmatrix

Die vollständige <u>Messbarkeit und Steuerbarkeit</u> **des** Systemes in (26) wird vorausgesetzt. Die Matrizen $A(t)$, $B(t)$, $H(t)$ sind für $t \in [o,T]$ stetig, während der Steuervektor $\underline{u}(t)$ stückweisestetig sein kann. Ferner wird angenommen, dass die Elemente von $A(t)$, $B(t)$ und $H(t)$ <u>"feste" Funktionen</u> der Zeit t sind. Damit werden Regelsysteme mit stochastischen Parametern ausgeschlossen.

c)   <u>Die Endbedingungen</u>

In den meisten Steuerungsproblemen nimmt die Endbedingung die folgende Form an

$$y_k(T) = o \qquad\qquad 1 \leq k \leq m \qquad\qquad (27)$$

bzw.

$$x_k(T) = o \qquad\qquad 1 \leq k \leq n$$

Falls k alle Werte bis m (bzw. n) annimmt, wird der Einfluss des Terms $\underline{y}'(T)S\underline{y}(T)$ auf die Zielfunktion $Z(\underline{u}(t))$ verschwinden. Man kann in diesem Fall den Term aus der Zielfunktion wegnehmen,

d)   <u>Die Beschränkung des Steuerbereiches</u>

Der Steuervektor $\underline{u}(t)$ sollte den konvexen Bereich U nicht verlassen. Dieser Bereich wird hier zuerst mit den folgenden Ungleichungen definiert:

$$| u_i(t)| \leq M_i \quad ; \quad M_i > o$$

$$1 \leq i \leq r$$

e) <u>Beschränkungen für den Ausgangs- oder Zustandsvektor</u>

Der Zustandsvektor $\underline{x}(t)$ darf einen konvexen Zustandsbereich X nicht verlassen. In den meisten Steuerungsproblemen ist der Bereich X durch die folgende lineare Ungleichung definiert:

$$N_\alpha \leq x_\alpha(t) \leq L_\alpha \tag{28}$$

$$1 \leq \alpha \leq n$$

Aehnliche Ungleichungen können für den Messbereich vorhanden sein.

<u>Die Optimierungsaufgabe lautet jetzt</u>:

<u>"Den Steuervektor u(t) so zu wählen, dass die Bedingungen in
b); c); d); e) nicht verletzt werden und die Zielfunktion
Z(u(t)) ihren kleinsten Wert annimmt"</u>.

Der Steuervektor $\underline{u}(t)$ der das System mit gegebenem Anfangsvektor $\underline{\varepsilon}$ so steuert, dass alle Nebenbedingungen nicht verletzt sind, wird als "<u>zulässiger Steuervektor</u>" $\underline{u}_s(t)$ bezeichnet. Ist für einen gegebenen Anfangsvektor $\underline{x}(o) = \underline{\varepsilon}$ kein zulässiger Steuervektor möglich, so ist die Optimierungsaufgabe mit diesem Anfangsvektor nicht lösbar. Solche Anfangsvektoren sind daher <u>unzulässig</u>. Ein <u>zulässiger Anfangsvektor</u> $\underline{\varepsilon}_S$ besitzt mindestens einen zulässigen Steuervektor $\underline{u}_s(t)$. Derjenige unter diesen zulässigen Steuervektoren, der zugleich die Zielfunktion $Z(u(t))$ minimalisiert, wird als der "<u>optimale Steuervektor u*(t)</u>" bezeichnet.

1.2. DIE EINSCHRAENKUNG DER FORM DES STEUERVEKTORS $\underline{u}(t)$

Für die "on-line" Steuerung bei Regelsystemen mit dem Digitalrechner ist man bestrebt, eine passende Form des Steuervektors
$\underline{u}(t)$ zu wählen. Meistens wird $\underline{u}(t)$ stufenförmig oder polygon-
artig gewählt. Der Hauptgrund dafür ist, die Rechenzeit für
die Erzeugung von $\underline{u}(t)$ sowie die Analog-Digital-Umwandlungs-
zeit zu reduzieren. Rechnet man den kontinuierlichen optimalen
Steuervektor $\underline{u}^*(t)$ ohne die Form seiner Erzeugung zu berücksichtigen, so muss der Digitalrechner - oft unnötigerweise -
mit vielen Stützpunkten diesen Steuervektor erzeugen. Es besteht kein regeltechnisches Kriterium mehr, nachdem die nach-
trägliche Approximation des Steuervektors beurteilt wird. Es
ist daher besser, die Form des Vektors $\underline{u}(t)$ im Optimierungs-
problem zu berücksichtigen. Diese Berücksichtigung hat zwei
Vorteile:

1. die stufenförmige, oder polygonartige Form des Steuervektors $\underline{u}(t)$ bietet eine einfache Form der Restriktionen (d),

2. man kann mit relativ kleiner Anzahl von Stufen pro Steuerintervall eine sehr gute Lösung des Optimierungsproblems
   erreichen.

Dies ist der Tatsache zu verdanken, dass sich die Zielfunktion
$Z(\underline{u}(t))$ meistens für zwei verschiedene Steuergrössen wenig
ändert.Diese"Aequivalenz" von zwei verschiedenen Steuervektoren erlaubt eine ziemlich genaue Lösung der Optimierungsaufgabe mit recht grober Unterteilung des Steuerintervalls T. In
den nachfolgenden Beispielen wird diese Eigenschaft mehrmals
in Erscheinung treten.

a) <u>Die Unterteilung des Steuerintervalls</u>

Die Intervallunterteilung kann für jede Komponente des Steuervektors $\underline{u}(t)$ verschieden sein. Zur Klassifizierung dient:

1. Die Anzahl N_i der Teilintervalle der Steuerkomponente i,
   i = 1,2, ..., r

2. Die Länge des Teilintervalles $\tau_i(J)$ für die i^{te} Steuerkomponente $u_i(t)$, wobei

   i = 1,2, ..., r

   J = 1,2, ..., N_i

Falls die Anzahl der Teilintervalle N_i für alle Steuerkomponenten $u_i(t)$ gleich N ist, reduziert sich die Aufteilung auf zwei Arten

1. <u>Gleichzeitige Intervallunterteilung</u>
   $\tau_i(J) = \tau(J)$ für alle i = 1,2, ..., r
   Die Intervalle $\tau(J)$ (J = 1,2, ..., N) brauchen nicht
   die gleiche Länge zu besitzen. Ein Spezialfall davon
   ist die <u>gleichmässige Unterteilung</u> mit $\dot{\tau}(J) = \tau$ für alle
   J = 1,2, ..., N.

2. <u>Nicht-gleichzeitige Intervallunterteilung</u>
   Hier gilt $\tau_i(J) \neq \tau_\ell(J)$ für mindestens ein paar i,ℓ
   wobei   i = 1,2, ...,r
               ℓ = 1,2, ...,r

Es ist hier zu bemerken, dass eine komplizierte Intervallunterteilung - auch mit verschiedenen N_i - durch Einführung eines neuen Intervallgitters und gewissen Nebenbedingungen auf eine gleichzeitige Intervallunterteilung zurückgeführt werden kann. Freilich wird damit die Anzahl der unabhängigen Variabeln grösser sein. Es wird daher nur <u>gleichzeitige Intervallunterteilung</u> in dieser Arbeit behandelt. Ein we-

sentlicher Grund dafür ist die <u>Erhaltung der Gleich-
zeitigkeit der Messungen und der Rückführung.</u> Will man
aber das Problem ohne Rückführung auf gleichzeitige Steuerung
durchführen, so muss das Problem als N_i-stufiger Entscheidungsprozess behandelt werden.

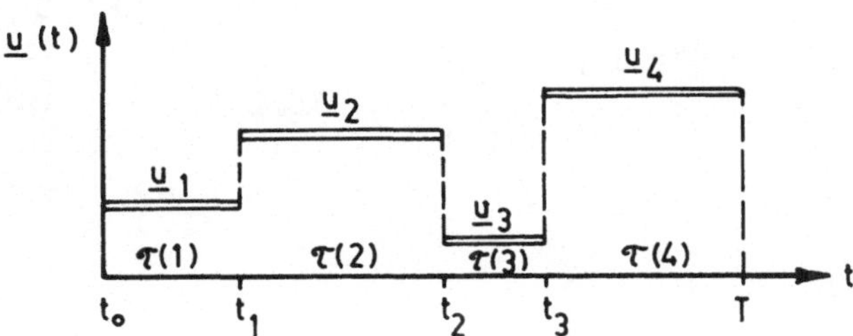

Bild 2. Der stufenförmige Steuervektor

Für die Wahl der Steuerintervalle $\tau(J)$ J = 1, ..., N
ist man, ausser der Bedingung

$$\sum_{J=1}^{N} \tau(J) = T \tag{29}$$

frei. Die Unterteilung des Intervalles T muss <u>vor</u> der
Behandlung des Problems erfolgen. Oft spielt hier die
praktische Erfahrung eine Rolle. Die Frage nach einer
optimalen Unterteilung des Steuerungsintervalls kann
berechtigt sein. Es zeigt sich aber, dass die Antwort
auf diese Frage zu einer nichtlinearen Optimierungsaufgabe führt. Zudem genügt die Variation des Betrages des
Steuervektors vollkommen. Es wird daher immer angenommen,
dass die Intervallunterteilung mit festen Teilintervallen
$\tau(J)$ mit J = 1,2, ..., N gegeben ist.

b) <u>Die Basisfunktionen mit gleichzeitiger Intervallunterteilung</u>
Zur Darstellung des stufenförmigen Steuervektors $\underline{u}(t)$ sind
die folgenden Impulsbasisfunktionen

$$v_J(t) = \begin{cases} 1 & \text{für } t_{J-1} \le t < t_J \\ \\ o & \text{sonst} \end{cases} \qquad (30)$$

$$t\epsilon[o,T] \quad ; \quad t_o = o$$

geeignet. Die Impulsfunktionen $v_J(t)$ haben die Breite $\tau(J)$ und die Eigen-schaften

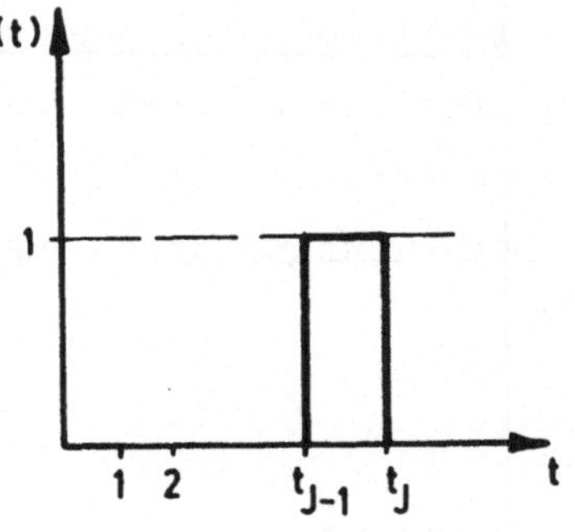

Bild 3. Die Basis-funktion $v_J(t)$

$$1) \quad v_i(t)v_J(t) = \begin{cases} o & \text{für } i \neq J \\ \\ v_J(t) & \text{für } i = J \end{cases} \qquad (31)$$

$$2) \quad \int_o^T v_i(t)v_J(t)dt = \begin{cases} o & \text{für } i \neq J \\ \\ \tau(J) & \text{für } i = J \end{cases} \qquad (32)$$

Die Funktionen $v_J(t)$ sind also über das Intervall $[o,T]$ orthogonal.

Bezeichnet man mit dem r-dimensionalen Vektor

$$\underline{u}_J = [u_{1,J} \quad u_{2,J} \quad \cdots u_{r,J}]'$$

die Werte des Steuervektors $\underline{u}(t)$ während dem J^{ten} Zeit-intervall $\tau(J)$, so kann man $\underline{u}(t)$ wie folgt darstellen:

$$\underline{u}(t) = \sum_1^N v_J(t)\underline{u}_J \qquad (33)$$

oder

- 23 -

$$\underline{u}(t) = [v_1(t)I_r \quad v_2(t)I_r \; \ldots \; v_N(t)I_r] \begin{bmatrix} \underline{u}_1 \\ \underline{u}_2 \\ \cdot \\ \cdot \\ \cdot \\ \underline{u}_N \end{bmatrix} \qquad (34)$$

Zusammenfassend erhalten wir

$$\underline{u}(t) = V(t)\underline{U} \qquad (35)$$

wobei

$$V(t)= \begin{bmatrix} v_1(t) & & & v_2(t) & & & v_N(t) & & \\ & v_1(t) & & & v_2(t) & & & v_N(t) & \\ & & \cdot & & & \cdot & & & \cdot \\ & & & \cdot & & & \cdot & & & \cdot \\ & & & & \cdot & & & & \cdot & & & \cdot \\ & & v_1(t) & & & v_2(t) & & & v_N(t) \end{bmatrix}$$

$$(36)$$

eine (r,rN)-Matrix ist, und

$$\underline{U} = [\underline{u}'_1 \quad \underline{u}'_2 \; \cdots \; \underline{u}'_N]' \qquad (37)$$

der neue rN dimensionale Steuervektor.

1.3. DIE LOESUNG DER ZS-OPTIMIERUNGSAUFGABE

Man setzt

$$\underline{u}(t) = V(t)\underline{U}$$

in die Differentialgleichung (26) ein. Die Lösung für den Zustandsvektor $\underline{x}(t)$ lautet in diesem Fall

$$\underline{x}(t) = \Phi(t,t_0)\underline{x}(t_0) + \int_{t_0}^{t} \Phi(t,\lambda)B(\lambda)V(\lambda)d\lambda.\underline{U} \qquad (38)$$

wobei

$\phi(t,t_o)$ die (n,n) Fundamentalmatrix mit

$$\dot{\phi}(t,t_o) = A(t)\phi(t,t_o) \tag{39}$$

$$\phi(t_o,t_o) = I_n$$

Man kann die Gleichung (38) in folgender Form schreiben:

$$\underline{x}(t) = X_\varepsilon(t,t_o)\underline{x}(t_o) + X(t,t_o)\underline{U} \tag{40}$$

wobei

$$X_\varepsilon(t,t_o) = \phi(t,t_o) \qquad \text{eine } (n,n) \text{ Matrix}$$

$$X(t,t_o) = \int_{t_o}^{t} \phi(t,\lambda)B(\lambda)V(\lambda)d\lambda \quad \text{eine } (n,rN) \text{ Matrix ist.} \tag{41}$$

Die beiden Matrizen $X_\varepsilon(t,t_o)$, $X(t,t_o)$ sind stetig für $t\varepsilon\ [o,T]$.

Die Lösung für den Ausgangsvektor $\underline{y}(t)$ erhält man aus

$$\underline{y}(t) = Y_\varepsilon(t,t_o)\underline{x}(t_o) + Y(t,t_o)\underline{U} \tag{42}$$

wobei

$$Y_\varepsilon(t,t_o) = H(t)\phi(t,t_o) \qquad \text{eine } (m,n) \text{ Matrix}$$

$$Y(t,t_o) = H(t)\int_{t_o}^{t} \phi(t,\lambda)B(\lambda)V(\lambda)d\lambda \tag{43}$$

$$\text{eine } (m,rN) \text{ Matrix ist.}$$

Beide Matrizen sind stetig für $t\varepsilon\ [o,T]$.

Durch Einsetzen von (42) in die Zielfunktion (25) erhält man

$$Z(\underline{u}(t)) = Z(\underline{U}, \underline{x}(t_o))$$

$$= [Y_\varepsilon(T,t_o)\underline{x}(t_o) + Y(T,t_o)\underline{U}]'S[Y_\varepsilon(T,t_o)\underline{x}(t_o) + Y(T,t_o)\underline{U}]$$

$$+ \int_o^T [Y_\varepsilon(t,t_o)\underline{x}(t_o) + Y(t,t_o)\underline{U}]'Q(t)[Y_\varepsilon(t,t_o)\underline{x}(t_o) +$$

$$+ Y(t,t_o)\underline{U}$$

$$+ \underline{U}'V'(t)R(t)V(t)\underline{U}\,]\,dt$$

d.h.

$$Z(\underline{U}, \underline{x}(t_o)) = \underline{x}'(t_o).Z(o).\underline{x}(t_o) + 2\underline{U}'\boldsymbol{\beta}.\underline{x}(t_o)$$

$$+ \underline{U}'[Z(S) + Z(Q) + Z(R)]\underline{U} \qquad (44)$$

wobei

$$Z(o) = Y_\varepsilon'(T,t_o).S.Y_\varepsilon(T,t_o) + \int_{t_o}^T Y_\varepsilon'(t,t_o).Q(t).Y_\varepsilon(t,t_o)dt$$

$$\text{eine } (n,n) \text{ Matrix} \qquad (45)$$

$$\boldsymbol{\beta} = Y'(T,t_o).S.Y_\varepsilon(T,t_o) + \int_o^T Y'(t,t_o).Q(t).Y_\varepsilon(t,t_o)dt$$

$$\text{eine } (rN,n) \text{ Matrix ist.} \qquad (46)$$

$$Z(S) = Y'(T,t_o).S.Y(T,t_o) \quad \text{eine } (rN,rN) \text{ Matrix} \qquad (47)$$

$$Z(Q) = \int_o^T Y'(t,t_o).Q(t).Y(t,t_o)dt \quad \text{eine } (rN,rN) \text{ Matrix} \quad (48)$$

$$Z(R) = \int_o^T V'(t).R(t).V(t)dt \quad \text{eine } (rN,rN) \text{ Matrix ist.} (49)$$

Die (rN,rN) Matrizen $Z(S), Z(Q), Z(R)$ sind <u>symmetrisch.</u>

a)   Die Konvexität der Zielfunktion $Z(\underline{U},\underline{x}(t_o))$

Die Zielfunktion ist nach Gleichung (44) eine quadratische Funktion in $\underline{U}$ mit der symmetrischen Matrix

$$C = Z(S) + Z(Q) + Z(R) \tag{50}$$

a.1) Die starken Bedingungen der Konvexität

Die Zielfunktion $Z(\underline{U},\underline{x}(t_o))$ besitzt die wichtige Eigenschaft

"$Z(\underline{U},\underline{x}(t_o))$ ist für $R(t) > o$;

$Q(t) \geq o$; $S \geq o$ streng konvex"

Um diese strenge Konvexität von $Z(\underline{U},\underline{x}(t_o))$ zu beweisen, braucht man zu zeigen, dass

$$C = Z(S) + Z(Q) + Z(R) > o$$

d.h., die (rN,rN) Matrix C muss <u>positiv-definit</u> sein.
Diese Bedingung wird durch die folgenden drei Be-
hauptungen erfüllt

$$(1) \quad S \quad \geq o \implies Z(S) \geq o \tag{51}$$
$$(2) \quad Q(t) \geq o \implies Z(Q) \geq o \tag{52}$$
$$(3) \quad R(t) > o \implies Z(R) > o \tag{53}$$

<u>Beweis:</u>

1. Die Matrix S ist symmetrisch und positiv- semidefinit.
   Man kann sie in der folgenden Form darstellen

$$S = S_1 S_1'$$

wobei S_1 eine reelle untere Dreieckmatrix mit dem Diagonalelementen $S_{kk} \geq o$ ist.

$$Z(S) = Y'(T,t_o).S.Y(T,t_o)$$

$$= Y'(T,t_o).S_1.S_1'Y(T,t_o)$$

$$= [S_1'Y(T,t_o)]'.[S_1'Y(T,t_o)]$$

$$= Z_1'(S).Z_1(S) \geq o$$

$Z_1(S)$ ist eine (m,Nr) Matrix.

2. Die **reelle** stückweisestetige Matrix $Q(t)$ ist positiv-semidefinit. Sie kann in die folgende Form zerlegt werden:

$$Q(t) = Q_1(t)Q_1'(t) \tag{55}$$
$$t\epsilon[o,T]$$

wobei die Matrix $Q_1(t)$ eine <u>reelle</u> stückweise stetige Unterdreieckmatrix mit <u>nicht negativen</u> Diagonalelementen ist. Damit erhält man

$$Z(Q) = \int_o^T Y'(t,t_o)Q(t)Y(t,t_o)dt$$

$$= \int_o^T Y'(t,t_o)Q_1(t).Q_1'(t)Y(t,t_o)dt$$

$$= \int_o^T [Q_1'(t)Y(t,t_o)]'[Q_1'(t)Y(t,t_o)]dt$$

$$= \int_o^T Z_1'(Q).Z_1(Q)dt \tag{56}$$

Wegen der Eigenschaft

$$Z_1'(Q).Z(Q) \geq o \qquad \text{für} \quad t\epsilon [o,T]$$

ist **der Integrand** nicht negativ. Die Matrix $Z(Q)$ wird daher mindestens semi-definit sein.

3. Wir haben

$$Z(R) = \int_0^T V'(t)R(t)V(t)dt = \int_0^T V(R)dt$$

Es ist aber

$$V(R) = V'(t).R(t).V(t) = [v_i(t).v_J(t)R(t)]$$

Die (r,r) Blockelemente $V_{iJ}(R)$ bestehen aus den Matrizen

$$V_{iJ}(R) = v_i(t)v_J(t)R(t)$$

$$= \begin{cases} v_J(t)R(t) & \text{für } i = J \\[4mm] o & \text{für } i \neq J \end{cases}$$

Damit erhält man

$$V(R) = \text{Diag}(v_J(t)R(t))$$

$$= \begin{bmatrix} v_1(t)R(t) & & & & \\ & v_2(t)R(t) & & & \\ & & \cdot & & \\ & & & \cdot & \\ & & & & v_N(t)R(t) \end{bmatrix}$$

und

$$Z(R) = \text{Diag}(\int_0^T v_J(t)R(t)dt)$$

$$= \begin{bmatrix} \int_o^{t_1} R(t)dt & & & \\ & \int_{t_1}^{t_2} R(t)dt & & \\ & & \cdot & \\ & & & \int_{t_{N-1}}^{t_N} R(t)dt \end{bmatrix} \tag{57}$$

Die diagonalen Blockmatrizen

$$\int_{t_{J-1}}^{t_J} R(t)dt$$

sind - wegen der Positiv-definitheit von $R(t)$ - stets
positiv-definit. Die Matrix $Z(R)$ wird daher positiv-definit
sein.

a.2. <u>Die schwachen Bedingungen der Konvexität</u>

Die Anforderung $R(t) > o$ für die strenge Konvexität von
$Z(\underline{U},\underline{x}(t_o))$ schliesst zwei wichtige Fälle in der Regelungstechnik aus, welche durch $R(t) \equiv o$ charakterisiert sind.
Es sind:

1) <u>Die Endwertregelung</u>
    In diesem Falle kann $Q(t) \geq o$; $R(t) \geq o$ oder so-
    gar identisch verschwinden. Ein Beispiel dafür bietet
    die Zielfunktion

$$Z = \underset{\underline{U}}{\text{Min}} \ y'(T).S.\underline{y}(T) \tag{58}$$

2) <u>Die Verhaltensregelung</u>
    Hier können $R(t) \geq o$; $S \geq o$ oder identisch null sein.
    Die Matrix $Q(t)$ ist meistens semi-definit, wie in der
    folgenden Zielfunktion

$$Z(\underline{u}(t)) = \int_o^T y_a^2(t)dt \qquad n > 1 \tag{59}$$

Auch andere Fälle, die eine Mischung der erwähnten Spezial-
fälle sind, erfüllen die Bedingung $R(t) > o$ nicht.

Die Zielfunktion $Z(\underline{U},\underline{x}(t_o))$ kann aber streng konvex sein,

obwohl $R(t) \geq o$ oder $R(t) \equiv o$ ist.

Die Bedingungen dafür sind die folgenden:

<u>1. Fall:</u> $R(t) \equiv Q(t) \equiv o$

Hier ist $C = Z(S)$

$$= Y'(T,t_o).S.Y(T,t_o)$$

Die notwendigen und hinreichenden Bedingungen für die
Positiv-definitheit von C sind

$$m = Nr$$

$$S > o$$

$$\text{Rang} \quad Y(T,t_o) = Nr \tag{60}$$

<u>2.Fall:</u> $R(t) \equiv S \equiv 0 \quad ; \quad Q(t) \geq 0$

Wir haben aus Gleichung (56)

$$Z(Q) = \int_o^T Z_1'(Q).Z_1(Q)dt$$

Man kann die (m,rN) Matrix $Z_1(Q)$ in der folgenden Form
schreiben:

$$Z_1(Q) = \mathbf{Q}_1'(t)Y(t,t_o) = \begin{bmatrix} \underline{z}_1'(t) \\ \underline{z}_2'(t) \\ \cdot \\ \cdot \\ \cdot \\ \underline{z}_m'(t) \end{bmatrix} \tag{61}$$

wobei jeder Vektor $\underline{z}_k(t)$ aus (rN) Elementen besteht, die
reelle und stückweisestetige Funktionen von $t\varepsilon [o,T]$ sind.

Es folgt:

$$Z(Q) = \int_0^T [\underline{Z}_1(t)\ \underline{Z}_2(t)\ \ldots\ \underline{Z}_m(t)] \begin{bmatrix} \underline{Z}_1'(t) \\ \underline{Z}_2'(t) \\ \cdot \\ \cdot \\ \cdot \\ \underline{Z}_m'(t) \end{bmatrix} dt$$

$$= \sum_{k=1}^{m} \int_0^T \underline{Z}_k(t)\ \underline{Z}_k'(t)dt \qquad\qquad (62)$$

Die Matrizen $\int_0^T \underline{Z}_k(t)\ \underline{Z}_k'(t)dt$ sind die <u>Gramm'schen Matrizen</u>

für die reellen und stückweisestetigen Funktionsvektoren $\underline{Z}_k(t)$.
Sie sind daher alle nicht negativ, d.h.

$$\int_0^T \underline{Z}_k(t)\ \underline{Z}_k'(t)dt \geq o \qquad k = 1,2,\ \ldots\ ,\ m \qquad (63)$$

Damit $Z(Q) > o$ wird, ist es notwendig und hinreichend, dass
<u>eine</u> der Gramm'schen Matrizen positiv-definit ist. Dies ist
genau der Fall, wenn ein Vektor $\underline{Z}_k(t)$ aus Nr linear unabhängigen
Funktionen besteht. Damit erhält man die Bedingung der strengen
Konvexität.

"<u>Es muss mindestens eine Zeile der Matrix $Q_1'(t)Y(t,t_o)$ aus
linear unabhängigen Funktionen bestehen</u>".

Wenn diese Bedingung erfüllt ist, wird mindestens eine der
Gramm'schen Matrizen - obwohl $R = o$ ist - positiv-definit
sein und positive Eigenwerte besitzen. Bei einer feineren
Intervallunterteilung bleibt diese Eigenschaft erhalten. Im
Grenzfall - bei unendlicher Anzahl von Intervallen - ist die
positiv-definite Gramm'sche Matrix nicht garantiert. In diesem
Fall kann - bei unbeschränkter Steuergrösse $\underline{u}(t)$ - die optimale

Lösung eine <u>Verteilungsfunktion</u> (Distribution) sein.

Die Einschränkung auf stufenförmige Steuergrösse $\underline{u}(t)$ mit endlicher Anzahl von Intervallen verhindert das Auftreten von Verteilungsfunktionen als optimale Lösung (bei unbeschränktem $\underline{u}(t)$) und ermöglicht uns die strenge Konvexität von $Z(\underline{U},\underline{x}(t_o)$ für den Fall R = o, zu erreichen. Viele praktische Fälle der Optimierung können damit besser erfasst werden.

b. <u>Die Lösung für die optimale Steuergrösse</u>

b.1. <u>Der freie Fall (ohne Endebedingungen oder Einschränkungen)</u>

Dieser Fall entspricht (falls R > o) der Lösung mit der Riccati-Differentialgleichung. Man erhält das globale Minimum für die streng konvexen Zielfunktionen $Z(\underline{U},\underline{x}(t_o))$ durch die Gleichung

$$\frac{\delta Z(\underline{U},\underline{x}(o))}{\delta \underline{U}} = 2(C\underline{U}^* + \beta\underline{x}(t_o)) = o \tag{64}$$

Der optimale Steuervektor $\underline{u}^*(t)$

$$\underline{u}^*(t) = - V(t)C^{-1}\beta\underline{x}(t_o) \tag{65}$$

ist also linear zum Anfangsvektor $\underline{x}(t_o)$. Die minimale Zielfunktion $Z(\underline{U}^*,\underline{x}(t_o))$ berechnet man aus der Gleichung

$$Z(\underline{U}^*,\underline{x}(t_o)) = \underline{x}'(t_o)\, Z(o)\underline{x}(t_o) + 2\underline{U}'\beta\underline{x}(t_o) + \underline{U}'C\underline{U}^*$$

und $C\underline{U}^* = - \beta\underline{x}(t_o)$

Man erhält

$$Z(U^*,\underline{x}(t_o)) = \underline{x}'(t_o)[Z(o) - \beta'C^{-1}\beta]\underline{x}(t_o) \tag{66}$$

Die minimale Zielfunktion ist also eine quadratische Funktion des Anfangsvektors $\underline{x}(t_o)$.

Für die numerische Berechnung des Vektors $\underline{U}^*$ ist es zweckmässig, für einen gegebenen Anfangsvektor $\underline{x}(t_o)$ das folgende lineare Gleichungssystem zu lösen

$$CU^* = -\beta \underline{x}(t_o) \qquad (67)$$

wobei <u>die Matrix C symmetrisch und positiv-definit ist.</u>
Hier kann man die Cholesky-Zerlegung [42] durchführen oder
die Methode der konjugierten Gradienten von P.Hesteness und
Ed.Stiefel anwenden.

Man muss hier auch erwähnen, <u>dass die Matrizen C und β</u>
<u>aus direkter Messung der Regelstrecke bestimmt werden kön-</u>
<u>nen ohne Kenntnisse der Differentialgleichung (26). Man ver-</u>
<u>meidet damit die "Identifikation" der Regelstrecke.</u> Wie man
diese Matrizen aus der Messung (oder numerische Simulation)
der Regelstrecke bildet, ist in der Studienarbeit [31] ausführlich beschrieben. Dort wurden die Matrizen C, β aus
<u>direkten Messungen</u> (ohne Identifikation der Bewegungsleichung)
vom DC9-Simulator gewonnen.

b.2. <u>Berücksichtigung der Endbedingungen</u>
(mit unbeschränkten $\underline{u}(t)$; $\underline{x}(t)$)

Die Optimierungsaufgabe lautet in diesem Fall

$$\underset{\underline{U}}{\text{Min}}\; Z(\underline{U},\underline{x}(t_o)) = \underline{x}'(t_o).Z(o).\underline{x}(t_o) + 2\underline{U}'\beta\underline{x}(t_o) + \underline{U}'C\underline{u}$$

mit den Nebenbedingungen

$$Y_{\varepsilon,i}(T,t_o)\underline{x}(t_o) + Y_i(T,t_o)\underline{U} = o$$

bzw.

$$X_{\varepsilon,i}(T,t_o)\underline{x}(t_o) + X_i(T,t_o)\underline{U} = o \qquad (68)$$

$$1 \leq i \leq m \quad \text{bzw. } n$$

wobei

$$Y_{\varepsilon,i} \;;\; X_{\varepsilon,i} \;;\; Y_i \;;\; X_i$$

die i^{ten} Zeilen der Matrizen Y_ε ; X_ε ; Y ; X sind. Den optimalen Steuervektor $\underline{U}^*$ erhält man aus dem Gleichungssystem

- 34 -

$$\begin{bmatrix} C & Y_1'(T,t_0)Y_2'(T,t_0) \ \ldots \ Y_\alpha'(T,t_0) \\ Y_1(T,t_0) & \\ Y_2(T,t_0) & \\ \vdots & \\ Y_\alpha(T,t_0) & 0 \end{bmatrix} \begin{bmatrix} \underline{U}^* \\ \\ \\ \\ \underline{\lambda} \end{bmatrix} = - \begin{bmatrix} \beta \\ Y_{\epsilon,1}(T,t_0) \\ Y_{\epsilon,2}(T,t_0) \\ \vdots \\ Y_{\epsilon,\alpha}(T,t_0) \end{bmatrix} \underline{x}(0)$$

$\underline{\lambda}$ ist der Lagrange-Multiplikator-Vektor und $1 \leq \alpha \leq m$
(bzw. $\leq n$) $\hspace{4cm}$ (69)

Die Lösung der Gleichung (69) ist für $\underline{Nr \geq \alpha}$ garantiert.
Setzt man

$$Y_\alpha = \begin{bmatrix} Y_1(T,t_0) \\ Y_2(T,t_0) \\ \vdots \\ Y_\alpha(T,t_0) \end{bmatrix} \ ; \ Y_{\epsilon,\alpha} = \begin{bmatrix} Y_{\epsilon,1}(T,t_0) \\ Y_{\epsilon,2}(T,t_0) \\ \vdots \\ Y_{\epsilon,\alpha}(T,t_0) \end{bmatrix} \hspace{2cm} (70)$$

So ist Rang $(Y_\alpha) = \alpha$ für nicht überflüssige Endbedingungen.
Man erhält den Lagrange-Multiplikator $\underline{\lambda}$ durch die Gleichung

$$\underline{\lambda} = [Y_\alpha C^{-1} Y_\alpha']^{-1} [Y_{\epsilon,\alpha} - Y_\alpha C^{-1} \beta] \underline{x}(t_0) \hspace{2cm} (71)$$

oder

$$\underline{\lambda} = \Lambda \underline{x}(0) \hspace{2cm} (72)$$

Die Matrix $Y_\alpha C^{-1} Y_\alpha'$ ist für $Nr \geq \alpha$ positiv-definit.
Der Lagrange-Multiplikator $\underline{\lambda}$ ist also für jeden Anfangsvektor $\underline{x}(t_0)$ eindeutig bestimmt.

Den optimalen Steuervektor $\underline{U}^*$ erhält man aus der linearen
Gleichung

$$C\underline{U}^* = - [\boldsymbol{\beta} + Y_{\boldsymbol{\alpha}}' \Lambda]\underline{x}(o) \tag{73}$$

und ist wiederum linear zum Anfangsvektor $\underline{x}(o)$

b.3. **Berücksichtigung von Betragsbeschränkung der Steuergrösse $\underline{u}(t)$.**

Die Betragsbeschränkung der Steuergrösse $\underline{u}(t)$

$$| u_i(t) | \leq M_i \quad ; \quad M_i > o$$

$$1 \leq i \leq r$$

nimmt für eine stufenförmige Steuergrösse die folgende
Form an

$$- \underline{M} \leq \underline{U} \leq \underline{M} \tag{74}$$

Die Optimierungsaufgabe lautet in diesem Fall

$$\underset{\underline{U}}{\text{Min }} Z(\underline{U},\underline{x}(t_o)) = \text{const} + 2\underline{U}'\boldsymbol{\beta}\,\underline{x}(t_o) + \underline{U}'C\underline{U}$$

$$C = C' > o \quad ^{*)}$$

mit   a) $Y_{\boldsymbol{\varepsilon},k}(T,t_o)\underline{x}(t_o) + Y_k(T,t_o)\underline{U} = o$

$$1 \leq k \leq m$$

b) $-\underline{M} \leq \underline{U} \leq \underline{M}$ \hfill (75)

---

*) In der quadratischen Programmierung ist es zulässig,
dass $C \geq o$ ist. In diesem Fall kann das Optimum durch
mehrere **gleichberechtigte** und optimale Steuergrössen erreicht werden.

Diese Optimierungsaufgabe ist eine <u>quadratische Programmierungsaufgabe</u> [29] mit der <u>streng-konvexen Zielfunktion</u> $Z(\underline{U},\underline{x}(t_o))$. Sie umfasst die vorher besprochenen Aufgaben, wenn die Vektoren $\underline{u}_k$ nicht beschränkt sind. Für die Anfangsvektoren $\underline{x}(t_o)$, die in der Nähe vom Gleichgewichtspunkt ($\underline{x} = o$) sind, ist es möglich, **Steuervektoren** $\underline{U}*$ zu finden, die innerhalb des Steuerbereiches liegen. In diesem Fall wird der optimale Steuervektor $\underline{U}*$ linear zum Anfangsvektor $\underline{x}(t_o)$ sein.

Für Anfangsvektoren $\underline{x}(t_o)$ die vom Gleichgewichtspunkt entfernt sind, wird der optimale Steuervektor $\underline{U}*$ (Falls er existiert) im allgemeinen nichtlinear zum Vektor $\underline{x}(t_o)$. Der optimale Steuervektor $\underline{U}*$ wird genau die Lösung der quadratischen Programmierungsaufgabe (75) sein, wenn zwei Vektoren $\underline{\lambda}$; $\underline{Y}$ existieren, die die folgenden "<u>Kuhn-Tucker</u>"-<u>Bedingungen</u>

$$2C\underline{U}* + 2\beta\underline{x}(t_o) + A'\underline{\lambda} = o$$

$$\underline{Y} = \underline{b} - A\underline{\lambda} \geq o$$

$$\underline{Y} \geq o \quad ; \quad \underline{\lambda}' \cdot \underline{Y} = o \tag{76}$$

erfüllen. Die Matrizen A ; b in (76) werden aus der Umformung von (75) in das übliche quadratische Programm

$$\underset{\underline{U}(\text{frei})}{\text{Min}} \; Z(\underline{U},\underline{x}(t_o)) = 2\underline{U}'\beta\underline{x}(t_o) + \underline{U}'C\underline{U}$$

$$C > o$$

$$A\underline{U} - \underline{b} \leq o \tag{77}$$

gewonnen.

Für die <u>Existenz</u> einer Lösung $\underline{U}^*$ sind die Bedingungen a) und b) in (75) massgebend. Ein optimaler Steuervektor $\underline{U}^*$ existiert immer, falls die Endbedingung a) nicht vorhanden ist. Allgemein wird es eine optimale Lösung $\underline{U}^*$ geben, falls ein Schnittpunkt $\underline{U}_S$ der Hyperebenen in a) innerhalb des Bereiches b) liegt.

b.4. <u>Betragsbeschränkungen der Steuer- und Zustandsgrössen</u>

Hier wird es keine **wesentlichen Aenderungen,** ausser der Einführung von neuen linearen Restriktionen

$$| X_{\varepsilon,k}(t_J,t_o)\underline{x}(t_o) + X_k(t_J,t_o)\underline{U} | < L_k$$

$$J = 1,2, \ldots, N$$

geben. Die Betragsbeschränkung der Zustandsgrösse $\underline{x}(t)$ wird nur bei den Intervallunterteilungspunkten berücksichtigt.

b.5. <u>Berücksichtigung von konvexen Restriktionen für die Steuer- und Zustandsgrössen.</u>

Restriktionen über $\underline{u}(t)$ oder $\underline{x}(t)$, die zur folgenden Form führen:

$$F_i(\underline{U}) < b_i(\underline{x}(t_o)) \qquad i = 1,2, \ldots, \ell \qquad (78)$$

wobei die $F_i(\underline{U})$ konvexe Funktion in $\underline{U}$ ist, sind konvexe Restriktionen. Ein Beispiel dafür ist die Bedingung

$$\underline{u}'(t)\underline{u}(t) \leq 1$$

welche zur folgenden Form

$$\underline{U}_k'\underline{U}_k \leq 1 \qquad (79)$$

führt. Die Optimierungsaufgabe wird nicht mehr eine quadratische Programmierungsaufgabe sein, weil die Restriktionen zum Teil nichtlinear in $\underline{U}$ sind. Mit diesen konvexen Restriktionen erhält man eine <u>konvexe Programmierungsaufgabe</u>.

Aus den Paragraphen B1 bis B5 ist ersichtlich, dass die Optimierungsaufgabe mit **den** bekannten **Methoden** der <u>mathematischen Programmierung</u> lösbar ist. Dabei können bei linearen Restriktionen die verschiedenen Verfahren der <u>quadratischen Programmierung</u> angewendet werden. Für **nichtli**neare (konvexe) Restriktionen muss man die Methoden der <u>konvexen Programmierung</u> verwenden.

1.4. <u>DIE LOESUNG DER ZR-OPTIMIERUNGSAUFGABE</u>

Nach dem vorangehenden Abschnitt ist man in der Lage, die optimale Steuergrösse $\underline{u}(t)$ für die gesamte <u>Steuerzeit T</u> zu berechnen. Diese wird in Funktion vom Anfangsvektor $\underline{x}(t_o)$ vorausgerechnet. Wenn aber eine äussere zufällige Störung während der Steuerzeit T auftritt, so kann sie nicht während dieser Zeit kompensiert werden. Wir haben also <u>eine Steuerung, aber keine Regelung des Zustandes</u> $\underline{x}(t)$ (oder des Ausgangsvektors $\underline{y}(t)$). Für die Zustandsregelung sollte die Steuergrösse $\underline{u}(t)$ aus dem <u>momentanen Zustandsvektor</u> $\underline{x}(t)$ berechnet werden und nicht nur aus dem Anfangszustandsvektor $\underline{x}(t_o)$. Zum Uebergang von einer optimalen Steuerung zu einer optimalen Regelung ist die Anwendung des <u>Optimalitätsprinzipes von Bellman</u> erforderlich, welches das Problem als ein N-stufiger Eintscheidungsprozess betrachtet. Dieses <u>Optimalitätsprinzip</u> besagt:

<u>"Eine optimale Entscheidungspolitik hat die Eigenschaft, dass, ungeachtet des Anfangszustandes und der ersten Entscheidung, die verbleibenden Entscheidungen eine optimale Entscheidungspolitik hinsichtlich des aus der ersten Entscheidung resultierenden Zustandes darstellen"</u>.

Dieses Optimalitätsprinzip lässt sich auf Entscheidungsprozesse anwenden, die die Markoff-Eigenschaft besitzen.

Die Markoff-Eigenschaft:

"Von den nach einer beliebigen Anzahl von Entscheidungen k verbleibenden (N-k)-Stufen des Entscheidungsprozesses verlangen wir, dass ihr Einfluss auf den Gesamtertrag nur noch vom Zustand des Systems nach der k-ten sowie den darauffolgenden Entscheidungen abhängt".

Es ist ersichtlich, dass die Bestimmung der Steuervektoren $\underline{u}_1$, $\underline{u}_2$, ..., $\underline{u}_N$ ein N-stufiger Entscheidungsprozess ist, der die Markoff-Eigenschaft besitzt. Wir erwarten also, dass der Steuervektor $\underline{u}_k$, den man bei $\tau = t_{k-1}$ anwenden muss, nur vom Zustandsvektor $\underline{x}(k-1)$ abhängt.

Wir betrachten jetzt die folgenden Zielfunktionen:

$$Z_k(\underline{u}(t)) = \underline{y}'(T)S\underline{y}(T) + \int_{t_{k-1}}^{T} \left[\underline{y}'(t)Q(t)\underline{y}(t) + \underline{u}'(t)R(t)\underline{u}(t) \right] dt$$

$$k = 1,2, ..., N \tag{80}$$

mit den folgenden Steuervektoren

$$\underline{U}(k) = [\underline{u}_k' \quad \underline{u}_{k+1}' \quad \cdots \quad \underline{u}_N']' \tag{81}$$

$$- \underline{M} \leq \underline{u}_k \leq \underline{M}$$

und den Nebenbedingungen

$$y_\alpha(T) = o \qquad 0 \leq \alpha \leq m$$

bzw.

$$x_\alpha(T) = o \qquad 0 \leq \alpha \leq m \tag{82}$$

Nach Umformung der Zielfunktion $Z_k(u(t))$ hat man bei <u>jedem</u> Steuerungszeitpunkt t_{k-1} die folgende Optimierungsaufgabe

$$\underset{\underline{U}(k)}{\text{Min}}\ Z_k(\underline{U}(k)\ ;\ \underline{x}(t_{k-1}))$$

$$= \gamma(\underline{x}(t_{k-1})) + 2\underline{U}'(k)\boldsymbol{\beta}_k\underline{x}(t_{k-1}) + \underline{U}'(k)C_k\underline{U}(k)$$

$$C_k = C_k' > 0$$

mit

a) $\quad Y_{\boldsymbol{\epsilon},\boldsymbol{a}}(T,t_{k-1})\underline{x}(t_{k-1}) + Y_{\boldsymbol{a}}(T,t_{k-1})\underline{U}(k) = 0$

$$0 \leq \boldsymbol{a} \leq m$$

b) $\quad \underline{M} \leq \underline{U}_J \leq \underline{M}$ $\hspace{4cm}$ (83)

$$J = k, k + 1,\ \ldots,\ N$$

wobei die $Y_{\boldsymbol{\epsilon},\alpha}$; Y_{α} die $\boldsymbol{a}^{\underline{te}}$ Zeile der Matrizen $Y_{\boldsymbol{\epsilon}}(T,t_{k-1})$; $Y(T,t_{k-1})$ sind.

Die Vektoren $\underline{U}^*(k)$ seien nun die optimalen Steuervektoren für die Zielfunktionen Z_k. Nach dem Optimalitätsprinzip **muss gelten**

$$\underline{U}^*(k) = \begin{bmatrix} \underline{u}_k^* \\ \\ \\ \underline{U}^*(k+1) \end{bmatrix}$$

$$k = 1,2,\ \ldots,\ N\text{-}1)$$

$$\underline{U}^*(N) = \underline{u}_N^* \hspace{4cm} (84)$$

<u>(jede Unterpolitik einer optimalen Politik ist optimal</u>)

Die Steuervektoren $\underline{U}^*(k)$ $(k = 1,2,\ldots N)$ werden in Funktion von $\underline{x}(k-1)$ berechnet. Folglich wird jeder Steuervektor $\underline{u}_k^*$ bei der Zeit $t = t_{k-1}$ eine Funktion von $\underline{x}(k-1)$ sein. Wenn man sukzessiv die Vektoren $\underline{u}_k^*$ für $k = 1,2, \ldots, N$ berechnet, werden diese die gesuchten **optimalen** Rückführungsvektoren

$$\underline{u}_1(x,(t_o)) \; ; \; \underline{u}_2(\underline{x}(t_1)) \; ; \; \ldots \; ; \; \underline{u}_N(\underline{x}(t_{N-1})) \tag{85}$$

sein.

Zusammenfassend:

Beim Zeitpunkt t_{k-1} wird das Optimum von Z_k gesucht. Der resultierende Steuerungsvektor $\underline{U}^*(k)$ hängt von $\underline{x}(k-1)$ ab und enthält sämtliche Steuervektoren $\underline{u}_k^*$, $\underline{u}_{k+1}^*$, $\ldots$, $\underline{u}_N^*$ welche den Prozess während dem Intervall $[t_{k-1}, T]$ optimal steuern. Von diesen Steuervektoren verwendet man den Vektor $\underline{u}_k^*$ (welcher von $\underline{x}(k-1)$ abhängt) als Steuervektor für das nächste Intervall $[t_{k-1} , t_k]$. Beim nächsten Zeitpunkt t_k wird ein neuer Steuervektor $\underline{u}_{k+1}^*$ bestimmt. Dieser wird aus der Zielfunktion Z_{k+1} berechnet und ist von $\underline{x}(k)$ abhängig. Damit wird der Vektor $\underline{u}_k$, welcher im Intervall τ_k verwendet wird, vom Zustandsvektor $\underline{x}(k-1)$ abhängig. Das gesuchte Rückführungsgesetz besteht somit aus der <u>Lösung einer konvexen Optimierungsaufgabe bei jedem Zeitpunkt</u> t_{k-1} $(k = 1,2, \ldots, N)$.

1.5. <u>DIE OPTIMALE ZUSTANDSREGELUNG DURCH DAS KONVEXE RUECKFUEHRUNGS-PROGRAMM.</u>

Die gleichzeitige Intervallunterteilung und die Eigenschaft, dass die Basisfunktionen $[v_k(t), v_{k+1}(t), \ldots, v_N(t)]$ für jedes k eine Basis über das Intervall $[t_{k-1},T]$ bilden, erlauben eine einfache Bestimmung der Matrizen C_k ; β_k ; aus den Matrizen C_1 ; β_1.

Man kann leicht zeigen, dass die Matrizen C_k nicht anders sind als die k^{ten} Block-Minoren von C_1. Diese Vereinfachung wird in der Bestimmung der folgenden Rückführungsalgorithmen berücksichtigt.

a) <u>Der freie Fall</u>

Man hat früher die optimale Steuergrösse $\underline{u}(t)$ in Funktion des Anfangsvektors $\underline{x}(t_o)$ durch das folgende Gleichungssystem

$$C\underline{U}^* = - \beta\underline{x}(t_o)$$

bestimmt. Für die Regelung muss man den folgenden <u>linearen Rückführungsalgorithmus</u> verwenden:

$$C_k\underline{U}^*(k) = - \beta_k\underline{x}(k-1)$$

$$C_k > o \; ; \; k = 1,2, \ldots, N$$

wobei:

$$C_1 = C$$

$$C_k = \text{der } k^{te}\text{Block-Hauptminor von } C$$

$$\beta_k = k^{ter} \text{ Unterblock von } \beta(k)$$

$$\beta(k) = Y'(T,t_{k-1}).S.Y_\epsilon(T,t_{k-1})$$

$$+ \int_{t_{k-1}}^{T} Y'(t,t_{k-1}).Q(t).Y_\epsilon(t,t_{k-1})dt \qquad (86)$$

$$\underline{U}(k) = [\underline{U}'_k\underline{U}'_{k+1} \cdots \underline{U}'_N]'$$

$$\underline{x}(k) = \underline{x}(t_k)$$

Die Matrizen C_k und β_k sind aus Bild 4 ersichtlich.

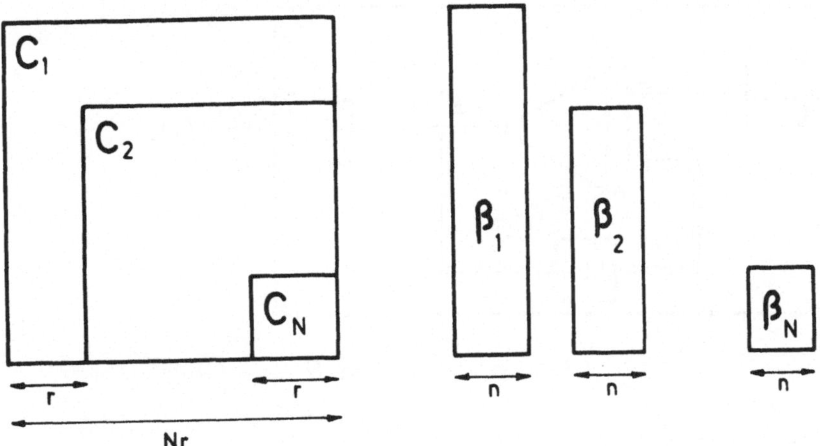

Bild 4. Die Matrizen C_k und β_k

Die Lösung des k^{ten} Gleichungssystems lautet:

$$\underline{U}^*(k) = - [C_k^{-1} \cdot \beta_k]\underline{x}(k-1) \tag{87}$$

Damit erhält man die Rückfürhungsgrösse $\underline{u}_k$

$$\underline{u}_k = - M_k\underline{x}(k-1) \tag{88}$$

M_k: die (rxn) Untermatrix von $[C_k^{-1} \cdot \beta_k]$ aus den ersten r
   Zeilen.

Es ist ersichtlich, dass die Rückführung linear ist mit der (r,n) Rückführungsmatrix M_k. Die Elemente dieser Matrix sind variabel.

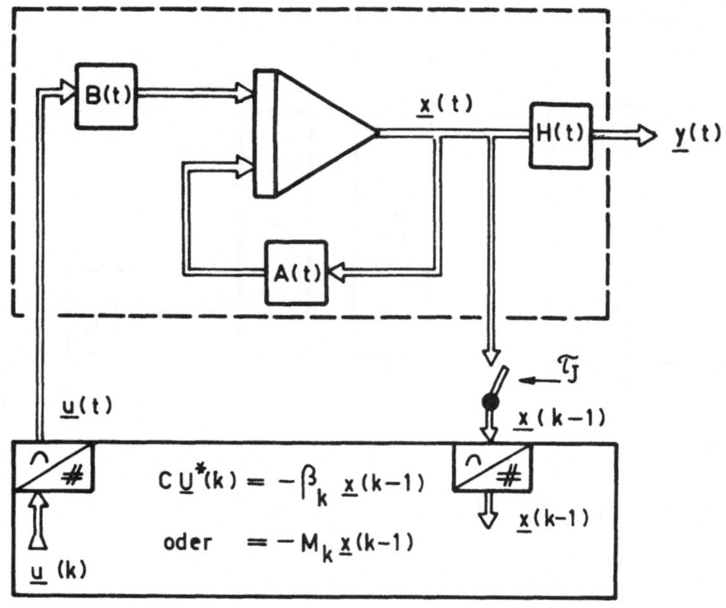

Bild 5. Das lineare Rückführungsprogramm

b) <u>Berücksichtigung der Endbedingungen</u>

(mit unbeschränkten Steuer- und Zustandsgrössen).

Der Rückführungsalgorithmus lautet in diesem Fall

$$\underset{\underline{U}(k)}{\text{Min}}\; Z_k(\underline{U}(k),\underline{x}(t_{k-1})) = x'(t_{k-1})Z(\underline{x}(t_{k-1}))\underline{x}(t_{k-1})$$

$$+\; 2\underline{U}'(k)\boldsymbol{\beta}_k\underline{x}(t_{k-1})$$

$$+\; \underline{U}'(k)C_k\underline{U}(k) \tag{89}$$

mit den Nebenbedingungen

$$Y_{\boldsymbol{\epsilon},i}(T,t_{k-1})\underline{x}(t_{k-1}) + Y_i(T,t_{k-1})\underline{U}(k) = o$$

$$1 \leq i \leq m$$

bzw.

$$X_{\varepsilon,i}(T,t_{k-1})\underline{x}(t_{k-1}) + X_i(T,t_{k-1})\underline{U}(k) = o$$

$$1 \leq i \leq n$$

wobei

$Y_{\varepsilon,i}$, Y_i , $X_{\varepsilon,i}$, X_i die i^{ten} Zeilen der Matrizen

$Y_{\varepsilon}(T,t_{k-1})$; $Y(T,t_{k-1})$, $X_{\varepsilon}(T,t_{k-1})$; $X(T,t_{k-1})$ sind. Die

Matrizen C_k und β_k sind wie vorher geschrieben.

Mit den Matrizen

$$Y_a(k) = \begin{bmatrix} Y_{i1}(T,t_{k-1}) \\ Y_{i2}(T,t_{k-1}) \\ \cdot \\ \cdot \\ \cdot \\ Y_{ia}(T,t_{k-1}) \end{bmatrix}$$

$$Y_{\varepsilon,a}(k) = \begin{bmatrix} Y_{\varepsilon,i_1}(T,t_{k-1}) \\ Y_{\varepsilon,i_2}(T,t_{k-1}) \\ \cdot \\ \cdot \\ \cdot \\ Y_{\varepsilon,i_a}(T,t_{k-1}) \end{bmatrix}$$

$$1 \leq a \leq m \quad (\text{bzw.} \leq n)$$

erhält man die Lösung beim k^{ten} Intervall durch das Gleichungssystem

$$\begin{bmatrix} C_k & Y_a'(k) \\ \\ Y_a(k) & 0 \end{bmatrix} \begin{bmatrix} \underline{U}(k) \\ \\ \underline{\lambda}(k) \end{bmatrix} = - \begin{bmatrix} \beta_k \\ \\ Y_{\varepsilon,a}(k) \end{bmatrix} \underline{x}(t_{k-1}) \qquad (90)$$

$\underline{\lambda}(k)$ ist der Lagrange-Multiplikator-Vektor.

Für $(N-k)r \geq a$ ist die Lösung dieser Gleichungssysteme garantiert. Man erhält

$$\underline{\lambda}(k) = \Lambda_k \underline{x}(k-1) \qquad (91)$$

wobei

$$\Lambda_k = [Y_a'(k)C_k^{-1}Y_a(k)]^{-1}[Y_{\varepsilon,a}(k)-Y_a(k)C_k^{-1}\beta_k]$$

und
$$\underline{x}(k-1) = \underline{x}(t_{k-1})$$

Die Lösung des k^{ten} Gleichungssystems lautet

$$\underline{U}^*(k) = - C_k^{-1}[\beta_k + Y_a'(k)\Lambda_k]\underline{x}(k-1) \qquad (92)$$

Damit erhält man die Rückführungsgrösse $\underline{u}_k$

$$\underline{u}_k = - M_k \underline{x}(k-1) \qquad (93)$$

M_k: die (r,n) Untermatrix von $C_k^{-1}[\beta_k + Y_a'(k)\Lambda_k]$ bestehend aus der ersten r Zeile.

Die Rückführung ist also <u>linear</u> mit der Rückführungsmatrix M_k. Man beachte, dass nach dem letzten Wert k* von k mit der Eigenschaft

$$(N-k^*).r \geq a$$

keine Rückführung möglich ist. Dies bedeutet, dass während

dem Intervall $[t_{k^*-1}, T]$ keine Regelung vorhanden sein kann,
sondern nur Steuerung.

c) Berücksichtigung von Betragsbeschränkung der Steuergrösse u(t).

Der Rückführungsalgorithmus besteht in diesem Falle aus der
quadratischen Optimierungsaufgabe

$$\underset{\underline{U}(k)}{\text{Min}} \; Z_k(\underline{U}(k),\underline{x}(t_{k-1}))$$

$$= \underline{x}'(t_{k-1})Z(\underline{x}(t_{k-1}))\underline{x}(t_{k-1})$$

$$+ 2\underline{U}'(k)\, \boldsymbol{\beta}_k\underline{x}(t_{k-1})$$

$$+ \underline{U}'(k)C_k\underline{U}(k) \tag{94}$$

$$C_k > o \qquad k = 1,2, \ldots, N$$

mit

a) $Y_{\boldsymbol{\varepsilon},i}(T,t_{k-1})\underline{x}(k-1) + Y_i(T,t_{k-1})\underline{U}(k) = o$

$$0 \leq i \leq m$$

b) $-\underline{M} \leq \underline{U}(k) \leq \underline{M}$

Man muss hier bei jedem Teilintervall eine quadratische
Programmierungsaufgabe lösen. Das Rückführungsgesetzt wird
daher als ein quadratisches Rückführungsprogramm bezeichnet.

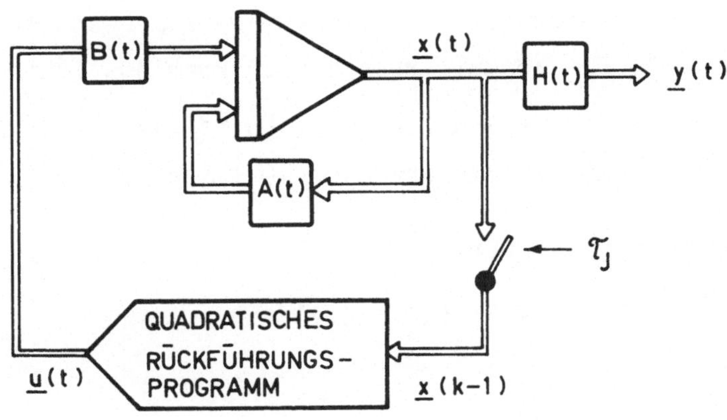

Bild 6. Das quadratische Rückführungsprogramm

Wenn Betragsbeschränkungen der Zustandsgrösse $\underline{x}(t)$ (oder Ausgangsgrösse $\underline{y}(t)$) vorhanden sind, so können diese auch wie in (77) berücksichtigt werden. Da die neuen Nebenbedingungen linear sind, bleibt die Optimierungsaufgabe noch als quadratische Programmierungsaufgabe.

d)   Berücksichtigung von konvexen Restriktionen für $\underline{u}(t)$ und $\underline{x}(t)$

In diesem Fall werden die Restriktionen die folgende Form annehmen: [20, 28]

$$F_{i,k}(\underline{U}(k) \leq b_{i,k}(\underline{x}(k-1))$$
(95)

$$i = 1,2, \ldots, \ell$$

$$k = 1,2, \ldots, N$$

Man muss bei <u>jedem Schritt</u> ($t = t_{k-1}$) <u>eine konvexe Programmierungsaufgabe</u> lösen. Die resultierenden Rückführungsgrössen $\underline{u}(k)$ werden also aus einem <u>konvexen Rückführungsprogramm</u> erhalten.

1.6. <u>DAS OPTIMALE TRACKING PROBLEM</u>

Man trifft in der Regelungstechnik Probleme, die die Anpassung der Ausgangsgrösse $\underline{y}(t)$, oder der Zustandsgrösse $\underline{x}(t)$ an den zeitlichen Verlauf einer <u>bekannten</u> Eingangsgrösse $\underline{r}(t)$ verlangen. Als Mass für die Güte der Anpassung ist meistens das Integral der quadratischen Fehler gegeben. Dieses Problem nennt man <u>"Tracking-Problem"</u>. Die Formulierung dieses Problems lautet:

Für den vorgegebenen, über das Intervall $[o,T]$ bekannte, zeitliche Vektor $\underline{r}(t)$ sollte man den Steuervektor $\underline{u}(t)$ des Systems

$$\dot{\underline{x}}(t) = A(t)\,\underline{x}(t) + B(t)\,\underline{u}(t)$$

$$\underline{y}(t) = H(t)\,x(t) \quad ; \quad \underline{x}(t_o) = \underline{x}(o)$$

$$\mathrm{Dim}(\underline{y}(t)) = \mathrm{Dim}(\underline{r}(t))$$

$$\underline{e}(t) \qquad = \underline{r}(t) - \underline{y}(t) \tag{96}$$

so wählen, dass die Zielfunktion

$$Z(\underline{u}(t),\underline{x}(o),\underline{r}(t)) = \underline{e}'(T).S.\underline{e}(T)$$

$$+ \int_{o}^{T} \underline{e}'(t)Q(t)\underline{e}(t)$$

$$+ \underline{u}'(t)R(t)\underline{u}(t) \quad dt \tag{97}$$

$$(R(t) > o \; ; \; Q(t) \geq o \; ; \; S \geq o)$$

minimal wird. Die Zeitdauer T ist vorgegeben.

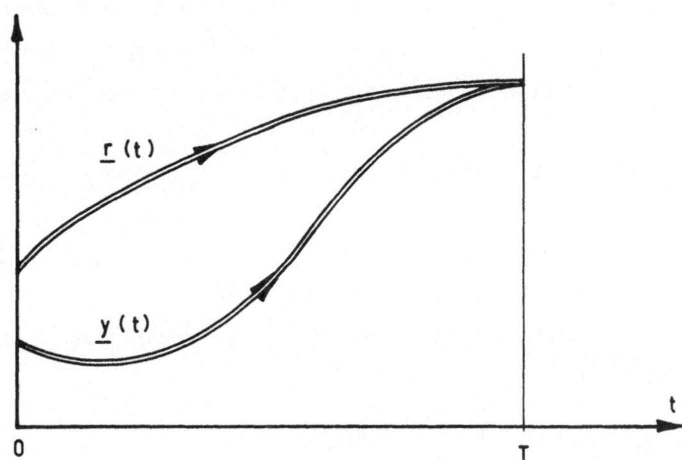

Bild 7. Die Eingangs- und Ausgangsgrössen
für das "Tracking"-Problem

Die obige Formulierung kann noch durch Einführen von
Endbedingungen für $\underline{y}(T)$ - z.B. $\underline{y}(T) = \underline{r}(T)$ - oder Restriktionen über $\underline{x}(t)$ oder $\underline{u}(t)$ erweitert werden. Auf
alle Fälle muss hier darauf hingewiesen werden, dass der
Verlauf von r(t) während des ganzen Intervalls [o,T]
bekannt sein muss. Sonst hat man kein "Tracking Problem"
mehr, sondern ein "Verfolgungsproblem" bei dem zur Zeit
t = o der zeitliche Verlauf von $\underline{r}(t)$ nicht im voraus bekannt ist. Ein anschauliches Beispiel für das Tracking
Problem ist die Antennensteuerung bei der Datenübertragung
mit Satelliten, wobei der zeitliche Verlauf der Satelliten-
bahn bekannt ist.

a) Die Lösung durch Variationsmethoden ohne Nebenbedingungen

Unter der Annahme, dass die Endwerte $\underline{y}(T)$, die Zustandsgrösse $\underline{x}(t)$ und die Steuergrösse $\underline{u}(t)$ frei sind, kann
man zeigen,- ähnlich wie bei der Riccati-Rückführung in
der Einleitung - dass die optimale Steuergrösse $\underline{u}^*(t)$
aus der folgenden Gleichung berechnet werden kann:

$$\underline{u}^*(t) = R^{-1}(t)B'(t)[\underline{g}(t) - K(t)\underline{x}(t)] \tag{98}$$

wobei:

1) die (n,n) symmetrisch positiv-definite Matrix K(t)
    ist die Lösung der nichtlinearen Riccati-Matrix-
    Differentialgleichung

$$\dot{K}(t) = - K(t)A(t) - A'(t)K(t)$$

$$+ K(t)B(t)R^{-1}(t)B(t)K(t) - H'(t)Q(t)H(t)$$

$$K(T) = H'(T)S.H(T) \tag{99}$$

2) Der n-dimensionale Vektor $\underline{g}(t)$ ist die Lösung der linearen Differentialgleichung

$$\dot{\underline{g}}(t) = - [A(t) - B(t)R^{-1}(t)B'(t)K(t)]'\underline{g}(t)$$

$$- H'(t)Q(t)\underline{r}(t)$$

mit $\quad \underline{g}(T) = H'(T).S.\underline{r}(T)$ $\hfill (100)$

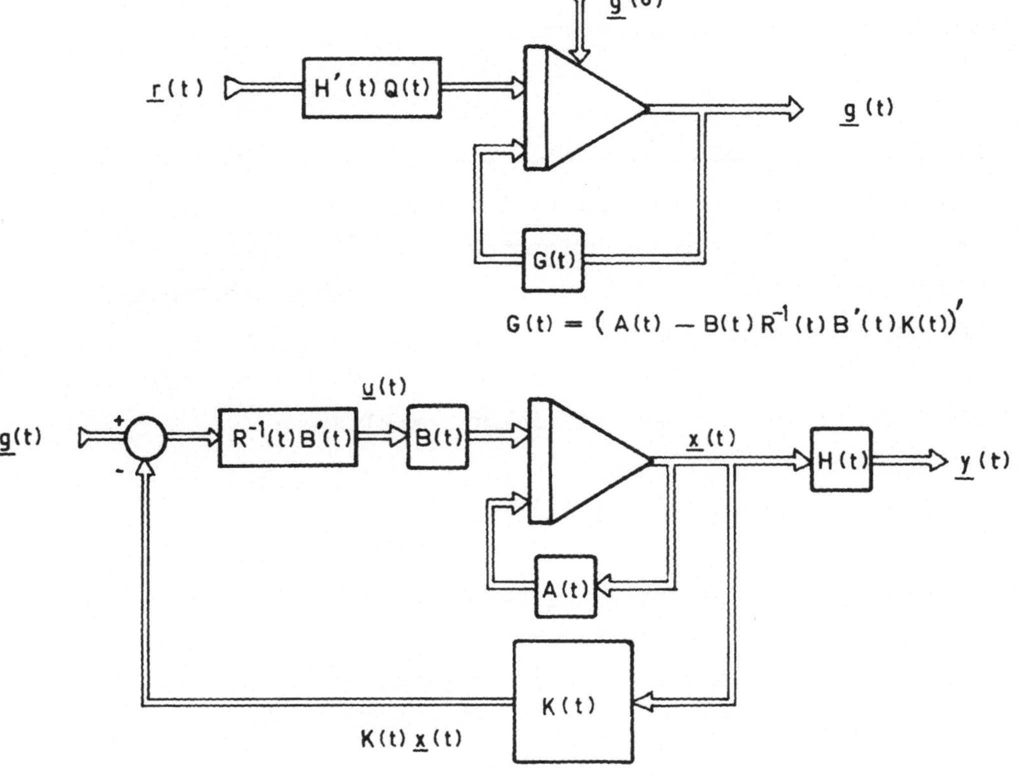

Bild 8. Die Lösung des "Tracking"-Problems

Die Lösung von (99) und (100) ist in Bild **8** schematisch
dargestellt. Man beachte, dass die Differentialgleichung
für $\underline{g}(t)$ zuerst <u>rückwärts</u> gerechnet werden muss, um $\underline{g}(o)$
zu erhalten. Vorher soll die Matrix $K(t)$ auch rückwärts
gerechnet und gespeichert werden.

Die Kritik an der Lösung des "Tracking Problems" kann
ähnlich wie die an der Riccati-Rückführung gestaltet
werden, wobei die Komplexität der Lösung hier offen-
sichtlicher ist. Bei beschränkten Steuergrössen - was
oft der Fall ist - ist eine Lösung des "Tracking Problems"
durch Rückführung nicht bekannt.

b) <u>**Die** neue Lösung des "Tracking Problems" mit Nebenbedingungen</u>

Die in den vorangehenden Abschnitten vorgestellte Methode lässt sich auf das "Tracking Problem" - ohne/oder
mit Restriktionen und Endbedingungen - einfach übertragen.
Bei der Festlegung von stufenförmiger Steuergrösse $\underline{u}(t)$
kann man ein allgemeines "Tracking Problem" für betragsbeschränkte Steuergrösse wie folgt formulieren:

$$\underset{\underline{u}(t)}{\text{Min}} \ \ Z(\underline{x}(o),\underline{r}(t),\underline{u}(t)) = \underline{e}'(T).S.\underline{e}(T) +$$

$$+ \int_{o}^{T} (\underline{e}'(t).Q(t)\underline{e}(t) + \underline{u}'(t)R(t)\underline{u}(t))dt$$

$(R(t) > o \ ; \ Q(t) \geq o \ ; \ S > o \ ; \ T$ gegeben$)$

mit den Nebenbedingungen

1) $e_i(t) = o \qquad i \leq m$

2) $|\underline{u}(t)| \leq \underline{M}$

und $\underline{e}(t) = \underline{r}(t) - \underline{y}(t)$

wobei $\underline{r}(t)$ die bei $t = o$ __bekannte__ Eingangsgrösse über
das Intervall $[o,T]$, $\underline{y}(t)$ die Ausgangsgrösse des Systems

$$\dot{\underline{x}}(t) = A(t)\underline{x}(t) + B(t)\underline{u}(t)$$

$$\underline{y}(t) = H(t)\underline{x}(t)$$

$$t_o = o$$

ist.

$\underline{x}(o)$ gegeben und $\underline{u}(t) = V(t).\underline{U}$ (101)

Setzt man jetzt

$$\underline{y}(t) = Y_{\varepsilon}(t,t_o)\underline{x}(t_o) + Y(t,t_o)\underline{U}$$

in die Zielfunktion des "Tracking Problems" (101) ein,
so erhält man nach Berücksichtigung der Terme **die von** $\underline{U}$
abhängigen, das folgende:

$$Z(\underline{x}(o),\underline{r}(t),\underline{u}(t)) = Z(\underline{x}(o),\underline{r}(t),\underline{U}) = Z(\underline{x}(o),\underline{r}(t)) +$$

$$+ 2\underline{U}'(\boldsymbol{\beta}\underline{x}(o) - \boldsymbol{\beta}(\underline{r}(t))$$

$$+ \underline{U}'(Z(S) + Z(Q) + Z(R))\underline{U} \qquad (102)$$

wobei

1) $Z(\underline{x}(o),\underline{r}(t))$ von $\underline{x}(o),\underline{r}(t)$ abhängt aber nicht von $\underline{U}$.

2) Die Matrizen $\boldsymbol{\beta}$, $Z(S)$, $Z(Q)$, $Z(R)$ sind die gleichen,
   die vorher durch die Gleichungen (46), (47), (48) und
   (49) beschrieben wurden.

3) Der Vektor $\boldsymbol{\beta}(\underline{r}(t))$ berechnet man aus

$$\boldsymbol{\beta}(\underline{r}(t)) = Y'(T,t_o).S.\underline{r}(T) + \int_o^T Y'(t,t_o)Q(t)\underline{r}(t)dt \quad (103)$$

Für die Berechnung von $\underline{g}(\underline{r}(t))$ bei $t_o = o$ muss deshalb
der Vektor $\underline{r}(t)$ im voraus über das ganze Intervall bekannt sein.

Die Matrix C (Gleichung (50)) wird also gleich wie im
vorherigen Abschnitt 1.3a sein. So gelten sämtliche Aus-
sagen über die Konvexität von $Z(\underline{x}(o), \underline{r}(t), \underline{U})$ die in
(1.3a.1) und (1.3a.2) gezeigt wurden. Insbesondere bei
$R(t) \equiv o$ kann man eine Lösung des "Tracking Problems"
mit oder ohne Restriktionen erreichen, was mit der vorherigen Methode in (a) nicht möglich war.

Für die Berechnung des optimalen Steuervektors $u^*(t)$
kann man analog zu (1.3b) vorgehen. Man braucht nur
statt den Vektor $\beta\underline{x}(o)$ den neuen Vektor $(\beta\underline{x}(o) - \underline{g}(\underline{r},(t))$
zu verwenden. Das Gleiche gilt auch für die Regelung.
Hier verwendet man statt $\beta_k\underline{x}(k)$ den Vektor $(\beta_k\underline{x}(k) - \beta_k(\underline{r}(t))$,
wobei $\underline{g}_k(\underline{r}(t))$ der k^{te} Teilvektor von

$$\underline{g}(\underline{r}(t),k) = Y'(T,t_{k-1}).S.\underline{r}(T)$$

$$+ \int_{t_{k-1}}^{T} Y'(t,t_{k-1}).Q(t).\underline{r}(t)dt$$

Falls keine Restriktionen vorhanden sind, erhält man die
Lösung für die Steuergrösse $\underline{u}^*(t)$ durch

$$C_k\underline{U}^*(k) = - [\beta_k\underline{x}(k-1) - \underline{g}_k(\underline{r}(t))] \tag{104}$$

Man bemerkt, dass die Eingangsgrösse $\underline{r}(t)$ eine Korrektur
der rechten Seite in (104) um den Vektor $\underline{g}_k(\underline{r}(t))$ ver-
ursacht. Sie ist einfacher zu berechnen als der Eingangs-
vektor $\underline{g}(t)$ in Gleichung (98) und Gleichung (100).

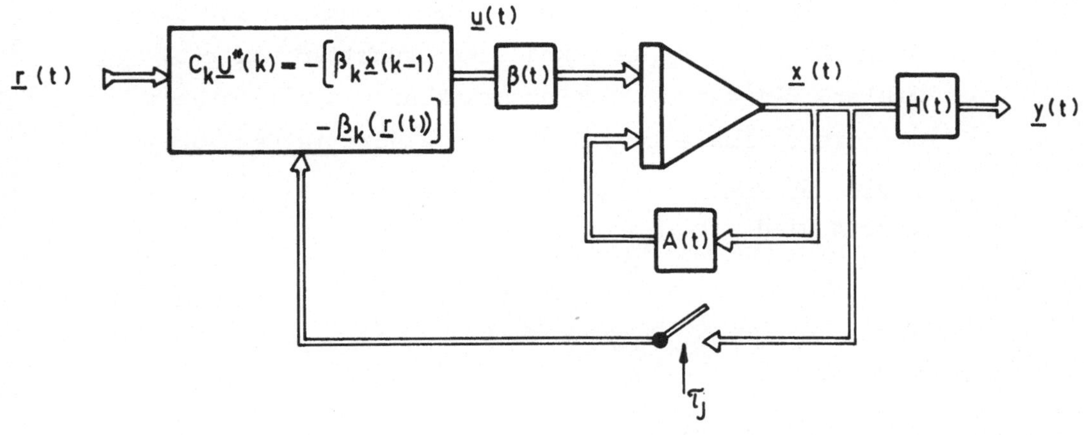

Bild 9. Die neue Lösung des "Tracking"-Problems
ohne Restriktionen

Die Steuergrösse $\underline{u}(t)$ ist bei beiden Lösungen der
Gleichungen (98) und (104) eine lineare Kombination
einer Rückführung $\underline{x}(t)$-oder $\underline{x}(k)$-,und eine Funktion
des Eingangsvektors $\underline{r}(t)$. Bei vorgeschriebenen Endbedingungen ist eine Lösung mit der Methode in (a) nicht
bekannt. Dagegen erhält man mit der neuen Methode eine
lineare Lösung, die analog zum Abschnitt 1.4b ist. Bei
der Einführung von Restriktionen über $\underline{u}(t)$ oder $\underline{x}(t)$
wird die Rückführung nicht mehr linear in $\underline{x}(k)$ oder $\underline{r}(t)$
sein. Die Steuergrösse $\underline{u}(t)$ kann nicht mehr - ausser

einem kleinen Bereich - als lineare Kombination einer
Rückführung von $\underline{x}(k-1)$ und einer Funktion von $\underline{r}(t)$
gelten. Bei der Betragsbeschränkung von $\underline{u}(t)$ erhält
man die optimale Lösung als ein <u>quadratisches Rück-
führungsprogramm</u>, das jetzt von $\underline{x}(k-1)$ und $\underline{r}(t)$ beein-
flusst wird.

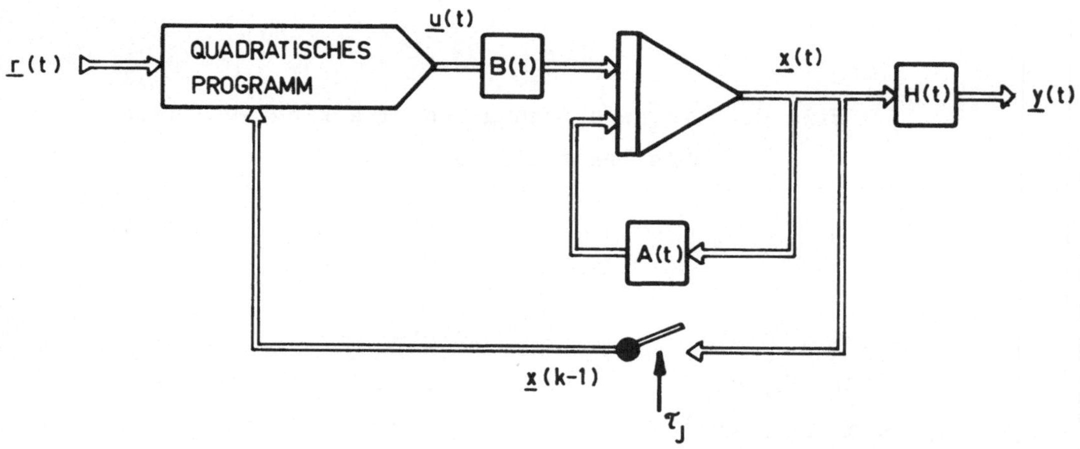

Bild 10. Die Lösung des "Tracking"-Problems mit
linearen Restriktionen

Für konvexe Restriktionen wird das quadratische Programm
durch ein konvexes Programm ersetzt. Die Bedingung für
die Existenz einer Lösung wird in beiden Fällen in der
mathematischen Programmierungsaufgabe enthalten sein.

1.7. <u>EINE SPEZIELLE LOESUNG DES KONVEXEN PROGRAMMES FUER</u>
<u>BESCHRAENKTE STEUERUNGSENERGIE</u>

Regelungsprobleme mit beschränkter Steuerungsenergie (oder
Kosten) unterliegen der folgenden Restriktion

$$\int_0^T \underline{u}'(t)\underline{u}(t)dt \leq \iota \tag{105}$$

Für die stufenförmige Steuergrösse $\underline{u}(t)$ erhält man statt
Gleichung (105) die Restriktion

$$\underline{U}'.[\int_0^T V'(t).V(t)dt].\underline{U} \leq \iota \tag{106}$$

Da aber

$$\int_0^T V'(t).V(t)dt = \text{Diag.}(\tau_J.I_r)$$

$$= \begin{bmatrix} \tau_1 & & & & & & & \\ & \ddots \tau_1 & & & & & \\ & & \tau_2 & & & & \\ & & & \ddots \tau_2 & & & \\ & & & & \ddots & & \\ & & & & & \tau_N & \\ & & & & & & \ddots \tau_N \end{bmatrix}$$

$$= D(\tau) \tag{107}$$

ist, erhält man die konvexe Restriktion

$$\underline{U}'.D(\tau).\underline{U} \leq \iota \tag{108}$$

$$D(\tau) > 0$$

Die optimale ZS-Aufgabe mit dieser Restriktion kann wie
folgt geschrieben werden:

$$\text{Min } Z(\underline{x}(o),\underline{U}) = 2\underline{U}'\boldsymbol{\beta}\underline{x}(o) + \underline{U}'C\underline{U}$$
$$\underline{U}$$

mit $\quad \underline{U}'.D(\tau)\underline{U} \leq \ell$ $\hspace{6cm}$ (109)

Dies ist eine konvexe Programmierungsaufgabe mit dem
globalen Minimum $\underline{U}_o$, wobei

$$C\underline{U}_o = -\boldsymbol{\beta}\underline{x}(o) \hspace{5cm} (110)$$

Falls $\underline{U}_o$ die Restriktion (108) nicht erfüllt, so liegt das
zulässige Minimum auf dem Rand des konvexen Bereiches U.
Man interessiert sich deshalb für die Aufgabe (109) mit dem
Gleichheitszeichen, d.h.

$$\underline{U}'.D(\tau).\underline{U} = \ell \hspace{5cm} (111)$$

Die **Kuhn-Tucker**-Bedingung für diese konvexe Aufgabe verlangt die Existenz einer $\lambda > o$, so dass

1) $\quad C\underline{U}^* + \lambda D(\tau)\underline{U}^* = -\boldsymbol{\beta}\underline{x}(o)$

2) $\quad \underline{U}^*.D(\tau).\underline{U}^* = \ell \hspace{4cm} (112)$

$\underline{U}^*$ ist in diesem Fall die zulässige optimale Lösung.

Falls

$$\underline{U}_o.D(\tau)\underline{U}_o > \ell \hspace{5cm} (113)$$

ist, wird im folgenden gezeigt, dass

1) eine $\lambda > o$ existiert, so dass die Gleichungen in (112)
   für dieses λ und ein $\underline{U}^*$ erfüllt sind.

2) Die optimale Lösung $\underline{U}^*$ kann durch die folgende konver-
   gente Iteration

$$\lambda_o = o$$

$$[C + \lambda_k \cdot D(\tau)]\underline{U}_k = - \beta\underline{x}(o)$$

$$[C + \lambda_k \cdot D(\tau)]\underline{W}_k = - D(\tau)\underline{U}_k$$

$$\lambda_{k+1} = \lambda_k - 0.5 \frac{\underline{U}_k' \cdot D(\tau) \cdot \underline{U}_k - \ell}{\underline{U}_k' \cdot D(\tau) \cdot \underline{W}(k)} \tag{114}$$

$$k = 0,1,2, \ldots$$

bestimmt werden. Die Konvergenz ist zudem quadratisch.

<u>Beweis:</u>

Man setzt

$$\underline{U}_d = \sqrt{D(\tau)}\,\underline{U}$$

$$\beta_d = (\sqrt{D(\tau)})^{-1} \cdot \beta$$

$$C_d = (\sqrt{D(\tau)})^{-1} \cdot C \cdot (\sqrt{D(\tau)})^{-1} > o \tag{115}$$

(C_d bleibt symmetrisch)

und erhält die neue Aufgabe

$$\operatorname*{Min}_{\underline{U}_d} Z(\underline{x}(o),\underline{U}_d) = 2\underline{U}_d\beta_d\underline{x}(o) + \underline{U}_d'C_d\underline{U}_d$$

mit $\underline{U}_d' \cdot \underline{U}_d \leq \ell$ \hfill (116)

Die erste Kuhn-Tucker Bedingung für $\lambda,\underline{U}_d$ in Gleichung (112) lautet

$$(C_d + \lambda I)\underline{U}_d = - \beta_d\underline{x}(o) \tag{117}$$

womit

$$\underline{U}_d = - (C_d + \lambda I)^{-1}\beta_d\underline{x}(o) \tag{118}$$

Man beachte, dass für $\lambda \geq$ o die Matrix $(C_d + \lambda I)$ positiv-definit bleibt (<u>S</u>pektralverschiebung), so dass <u>für ein gegebenes $\lambda \geq$ o die Lösung für $\underline{U}_d$ in Gleichung (118) immer existiert.</u>

Es sei jetzt

$$F(\lambda) = \underline{U}_d' \, \underline{U}_d$$

$$= \underline{x}'(o)\boldsymbol{\beta}_d'(C_d + \lambda 1)^{-2}\boldsymbol{\beta}_d\underline{x}(o) \tag{119}$$

Da die Matrix C_d symmetrisch und positiv-definit ist, existieren zwei Matrizen L,D mit

$$L'L = LL' = I$$

$$D = \mathrm{Diag}(d_i) \quad ; \quad d_i > o \tag{120}$$

so dass

$$C_d = L'DL \tag{121}$$

ist. Es gilt in diesem Fall

$$(C_d + \lambda I)^{-2} = (L'DL + \lambda I)^{-2} = (L'\left\{D + \lambda I\right\}L)^{-2}$$

$$= L' \, (D + \lambda I)^{-2}L \tag{122}$$

Wenn

$$\underline{v} = L \, \boldsymbol{\beta}_d\underline{x}(o) \tag{123}$$

so folgt

$$F(\lambda) = \underline{v}'.\mathrm{Diag} \left(\frac{1}{(d_i + \lambda)^2}\right).\underline{v} \tag{124}$$

oder

$$F(\lambda) = \sum_{i=1}^{n} \frac{v_i^2}{(d_i + \lambda)^2} \tag{125}$$

Wegen $d_i > 0$, ist $F(\lambda)$ für $\lambda > 0$ stetig und <u>monoton fallend</u>.* Zudem ist $F(+\infty) = 0$ und

$$F(0) = \underline{U}'_0 . D(\tau) . \underline{U}_0$$

wobei $\underline{U}_0$ das <u>globale</u> Minimum ist.

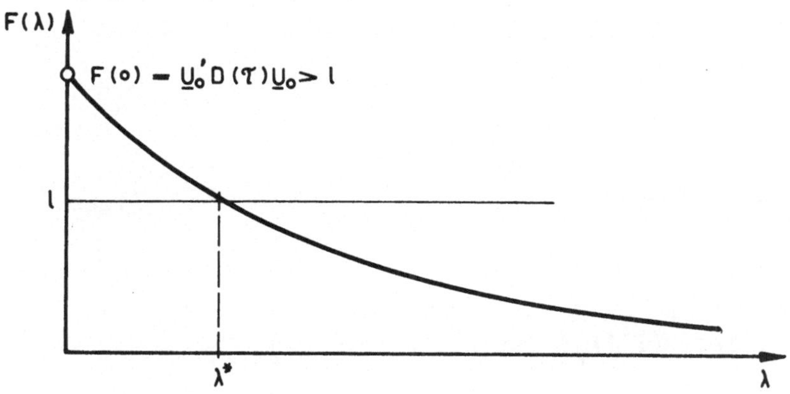

Bild 11. Die streng-konvexe Funktion $F(\lambda)$

Es werden 3 Fälle auftreten

1) $F(0) = \underline{U}'_0 . D(\tau) . \underline{U}_0 < l$

   In diesem Fall ist das globale Minimum zulässig. $\underline{U}_0$ wird innerhalb von U liegen.

2) $F(0) = \underline{U}'_0 . D(\tau) . \underline{U}_0 = l$

   In diesem Fall ist wiederum das globale Minimum zulässig. $\underline{U}_0$ wird aber am Rand von U liegen.

3) $F(0) = \underline{U}'_0 . D(\tau) . \underline{U}_0 > l$

   In diesem Fall ist das globale Minimum nicht mehr zulässig. Wegen der Stetigkeit und der Monotonie von $F(\lambda)$ ($F(\lambda)$ ist monoton fallend), existiert ein $\lambda^* > 0$, so dass

   $F(\lambda^*) = l$ ist,

---

* $F(\lambda)$ ist für $0 < \lambda < \infty$ streng konvex

d.h. λ^* und $\underline{U}_d^*$ existieren und erfüllen die Kuhn-Tucker-Bedingungen.

Um λ^* zu bestimmen, kann man das "Newton-Raphson" Iterations-verfahren benützen. Die Konvergenz des Verfahrens mit $\lambda_o = o$ als Anfangswert, ist wegen der strengen Konvexität der Funktion $F(\lambda)$ bei $\lambda > o$ gesichert. Die Konvergenzgeschwindigkeit ist bekanntlich quadratisch. Man erhält λ^* also durch die folgende Iteration:

$$\lambda_o = o$$
$$\lambda_{k+1} = \lambda_k - \frac{F(\lambda_k) - \ell}{F'(\lambda_k)} \qquad (126)$$
$$k = 0,1,2, \ldots$$

falls $F(\lambda_o) > \ell$ ist $(F'(\lambda_k)$ ist stets negativ).

Es ist jedoch

$$F(\lambda) = \underline{U}'.D(\tau).\underline{U} \qquad (127)$$

wobei $\underline{U}$ aus

$$[C + \lambda.D(\tau)]\underline{U} = - \beta\underline{x}(o) \qquad (128)$$

berechnet ist. Es gilt noch

$$F'(\lambda) = 2\underline{U}'D(\tau)\underline{W} \qquad (129)$$

wobei der Vektor

$$\underline{W} = \frac{\delta\underline{U}}{\delta\lambda} \qquad (130)$$

die Gleichung

$$[C + \lambda D(\tau)]\underline{W} = - D(\tau)\underline{U} \qquad (131)$$

erfüllt. Die Rekursionsformel in Gleichung (125) wird dann nach den Gleichungen (127) und (129) lauten:

$$\lambda_{k+1} = \lambda_k - 0.5 \frac{\underline{U}_k'.D(\tau).\underline{U}_k - \ell}{\underline{U}_k'.D(\tau).\underline{W}_k} \qquad (132)$$

wobei $\underline{U}_k$ und $\underline{W}_k$ aus den Gleichungen (128) und (131) für gegebenes λ_k gerechnet werden.

Es darf hier erwähnt werden, dass G.Cook und J.Funk [10] versucht haben, das obige Problem mit der Variationsmethoden zu lösen. Sie nahmen heuristisch an, dass das Integral

$$\int_o^T \underline{u}'(t)\underline{u}(t)dt$$

eine monoton fallende Funktion **eines Lagrangemultiplikators** λ ist. Durch Gleichung (125) kann man feststellen, dass dieses Integral für beliebige Intervallunterteilung tatsächlich monotonfallend **ist.**Wie sich dieses Integral bei unendlich kleiner Intervallunterteilung verhält, ist immer noch eine offene Frage.

1.8. <u>EIN BEISPIEL FUER EIN SYSTEM ZWEITER ORDNUNG</u> [5,16]

$$\underline{\dot{x}} = \begin{bmatrix} o & 1 \\ o & o \end{bmatrix} \underline{x} + \begin{bmatrix} o \\ 1 \end{bmatrix} u(t)$$

<u>Zielfunktion</u> $Z(u(t)) = \int_o^T \underline{x}' \begin{bmatrix} k_1 & o \\ o & k_2 \end{bmatrix} \underline{x} + \lambda u^2(t))dt$

<u>Fall 1</u> $T = 4 \; ; \; k_1 = o \; ; \; k_2 = 1 \; ; \; \lambda = 1$

Die Cholesky-Zerlegung für die Matrix C in Gleichung (67) ist (für N = 4)

$$c_1' = \begin{bmatrix} 2.0817 & 1.201 & .7206 & .2402 \\ & 1.3751 & .4615 & .1538 \\ & & 1.2654 & .2023 \\ 0 & & & 1.1005 \end{bmatrix}$$

<u>Fall 2</u> $T = 10$; $K_1 = 1$; $K_2 = 1$; $\lambda = 1$ oder 5

Die Bilder **12** bis **18** illustrieren diesen Fall

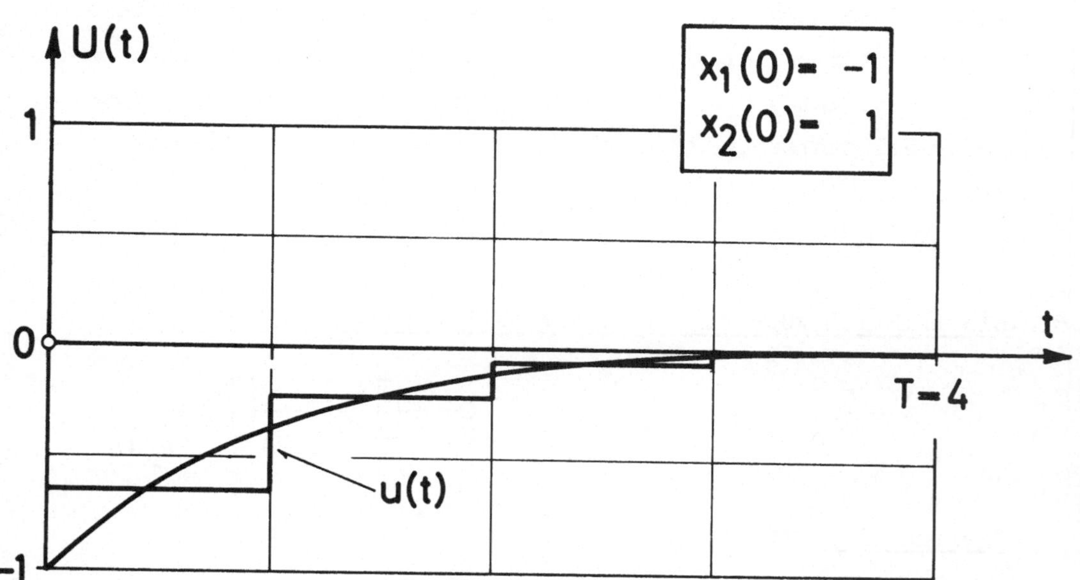

Bild 12: Die stufenförmige Steuergrösse U(t) für
N = 4 im Vergleich mit der kontinuierlichen
Steuergrösse

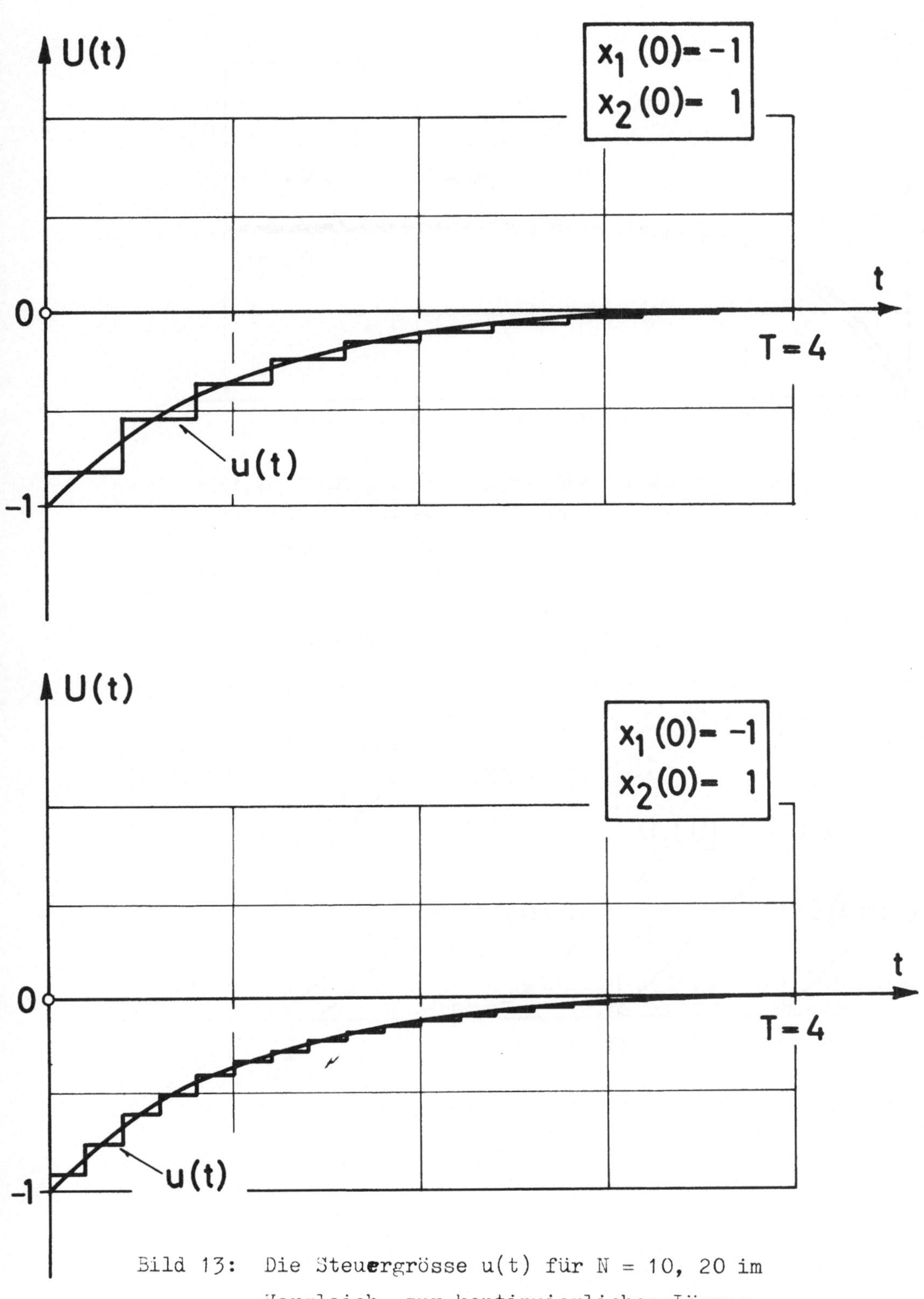

Bild 13: Die Steuergrösse u(t) für N = 10, 20 im Vergleich zur kontinuierlichen Lösung

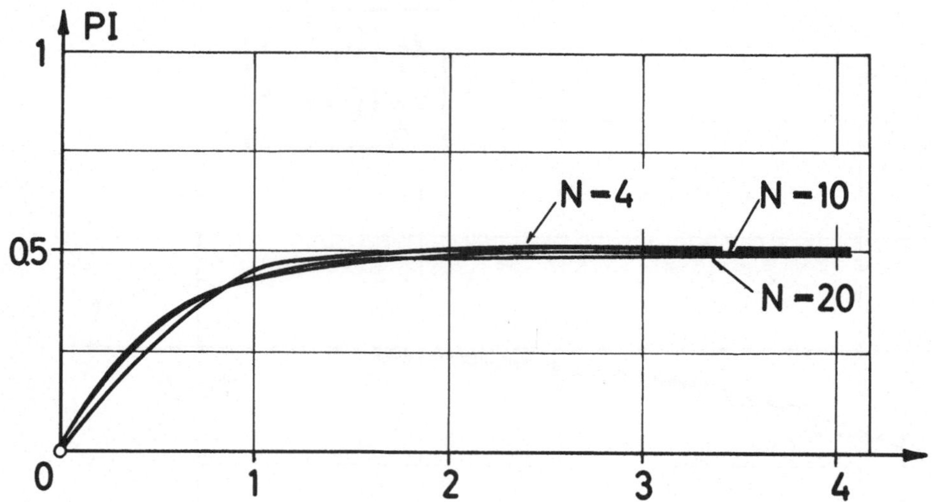

Bild 14: Der zeitliche Verlauf der Zielfunktion für N = 4,10,20
und $x_1(o) = - 1$; $x_2(o) = 1$. Die Endwerte (bei T = 4)
sind 0,520218 ; 0,506475 ; 0,500575 im Vergleich zu
0,500407 beim kontinuierlichen Fall.

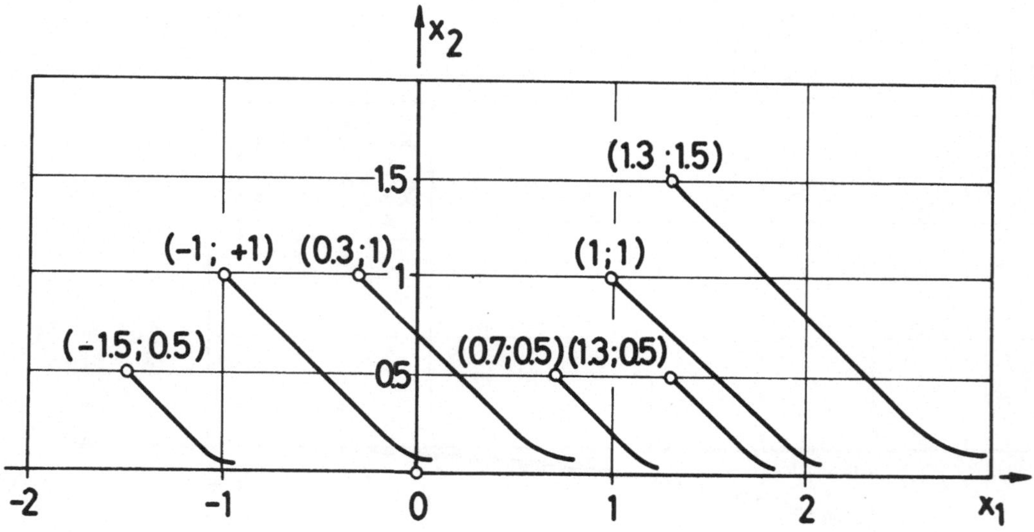

Bild 15: Der optimale Verlauf im Phasenraum ($k_1 = o$)

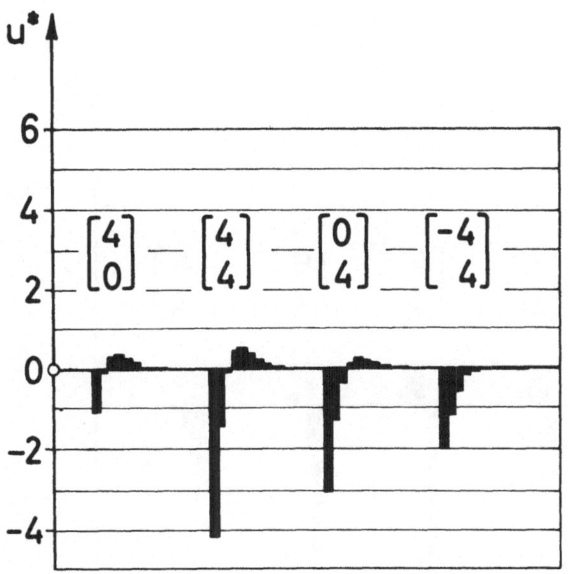

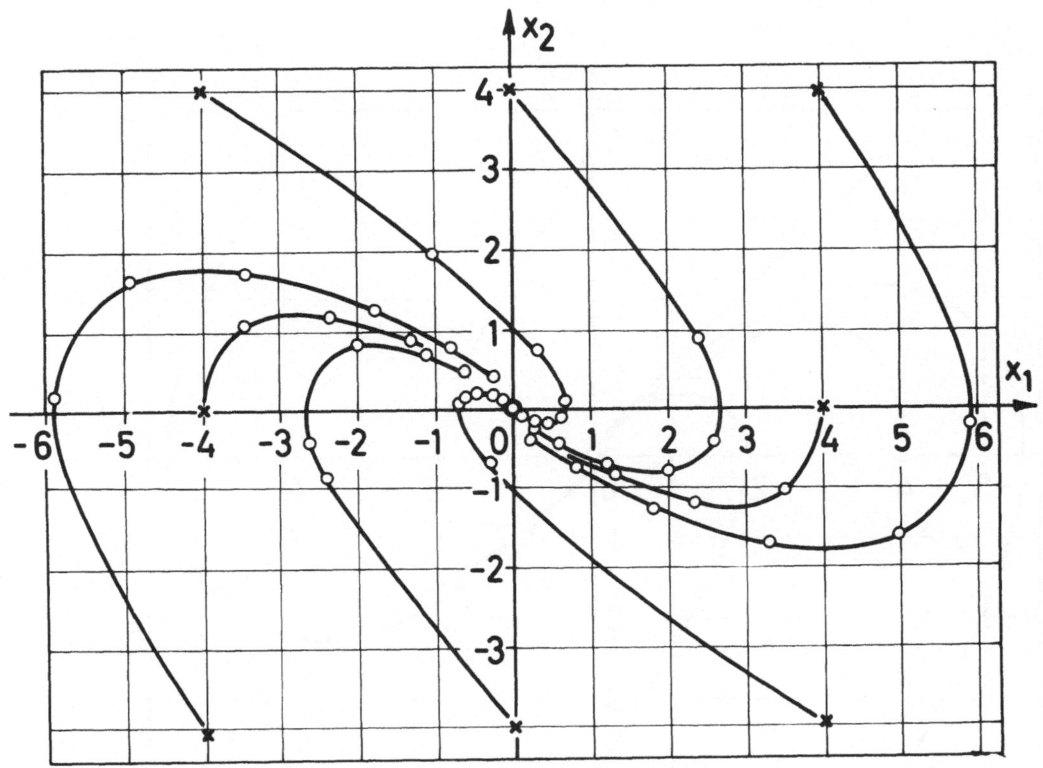

Bild 16: Die Steuergrösse u(t) und die optimalen Trajektorien
für $\lambda = 5$.

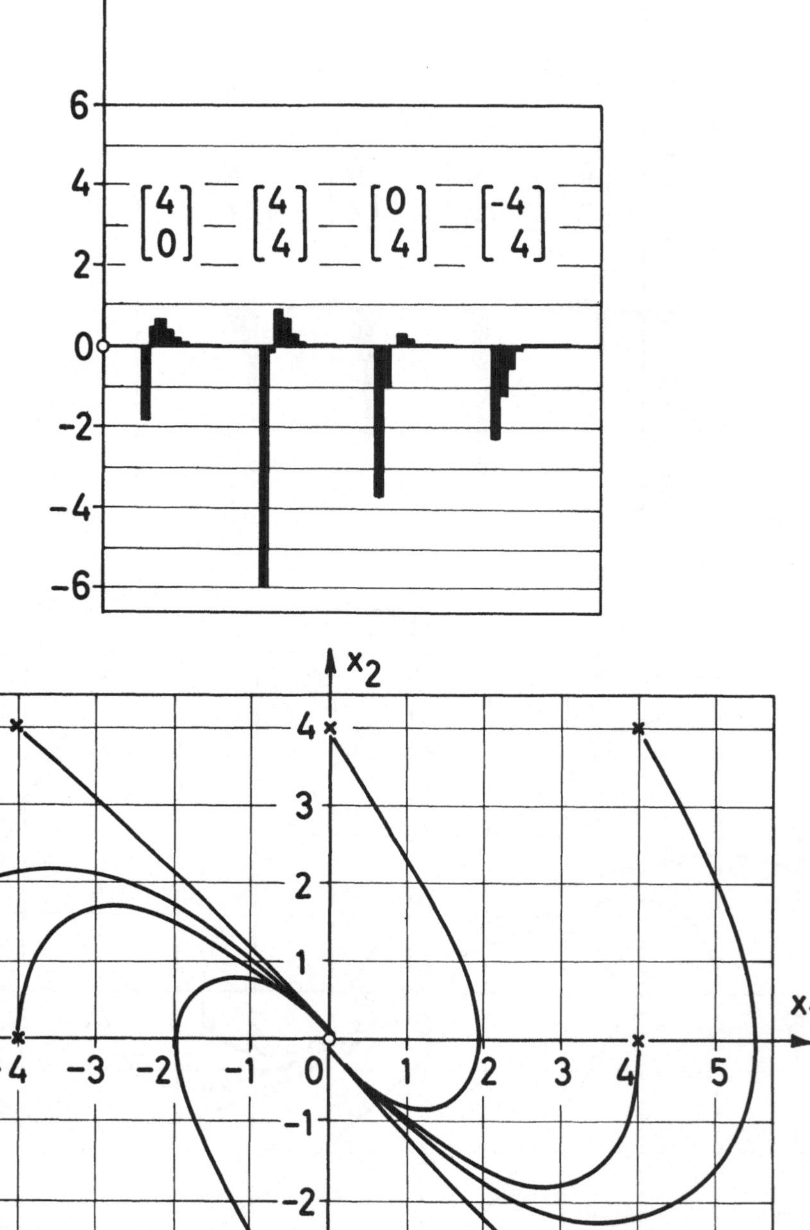

Bild 17: Die Steuergrösse u(t) und die optimalen
Trajektorien für λ = 1.

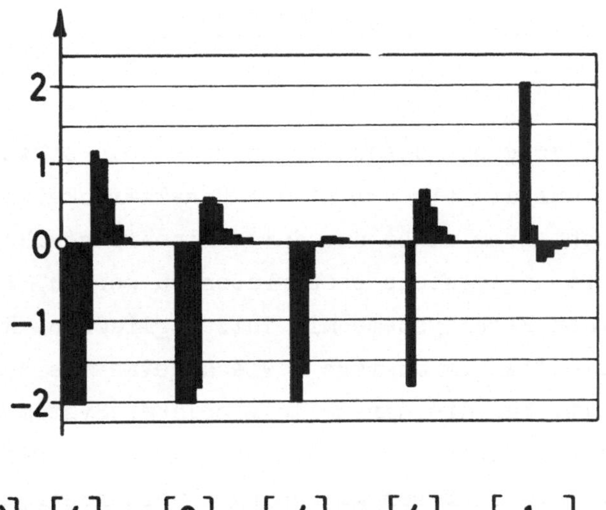

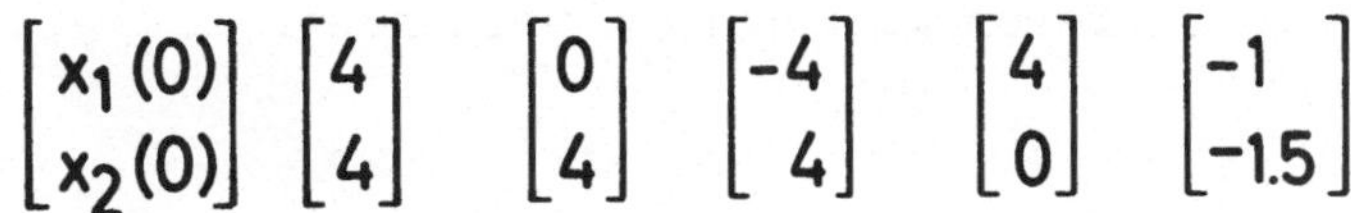

$$\begin{bmatrix} x_1(0) \\ x_2(0) \end{bmatrix} \quad \begin{bmatrix} 4 \\ 4 \end{bmatrix} \quad \begin{bmatrix} 0 \\ 4 \end{bmatrix} \quad \begin{bmatrix} -4 \\ 4 \end{bmatrix} \quad \begin{bmatrix} 4 \\ 0 \end{bmatrix} \quad \begin{bmatrix} -1 \\ -1.5 \end{bmatrix}$$

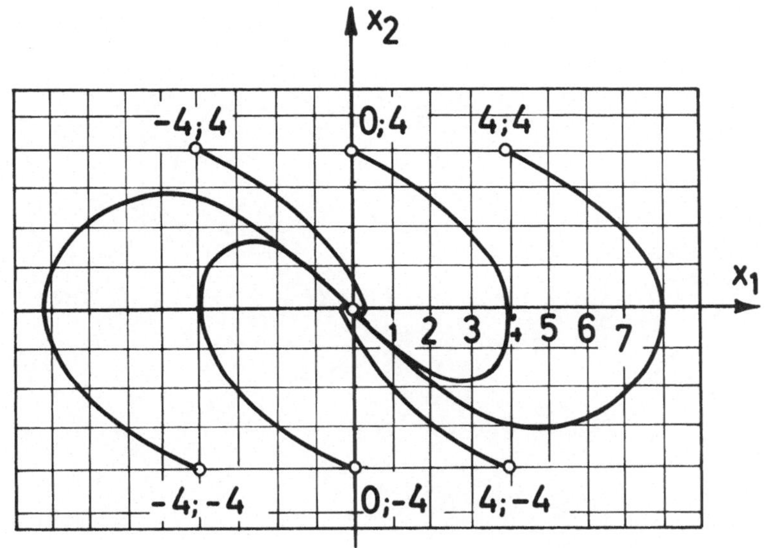

Bild 18: Die Steuergrösse u(t) und die optimalen Trajektorien
bei beschränkter Steuergrösse u(t) $\leq$ 2. (λ = 1)

2. DIE ANWENDUNG DER KONVEXEN RUECKFUEHRUNGSMETHODE AUF VERSCHIEDENE LINEARE REGELPROZESSE

Die im Kapitel 1 vorgeschlagene Regelungsmethode stützt sich im wesentlichen auf die Linearität der Regelstrecke. Die Regelstrecke braucht aber nicht nur durch lineare gewöhnliche Differentialgleichungssysteme beschrieben zu werden. In diesem Kapitel werden Regelsysteme mit Totzeitgliedern, Regelsysteme mit verteilten Parametern sowie abgetastete Regelsysteme behandelt. Für die Darstellung solcher Systeme werden Differential-Differenzengleichungen, partielle Differentialgleichungen oder Differenzgleichungen verwendet.

2.1 <u>DIE OPTIMIERUNG VON REGELSYSTEMEN MIT KONSTANTEN TOTZEIT-</u>
<u>GLIEDERN</u>

In der Regelung von chemischen, biologischen, verfahrens-
technischen oder elektromechanischen Prozessen können Trans-
portzeiten (Totzeiten) auftreten. Die Beschreibung solcher
Prozesse kann nicht mehr durch gewöhnliche Differentialgleichungen erfolgen, sondern durch Differential-Differenzengleichungen.

Ein lineares Regelsystem mit <u>konstanten</u> Totzeitgliedern kann
durch das folgende Gleichungssystem beschrieben werden [4,12,17,37]

$$\dot{\underline{x}}(t) = \sum_{i=0}^{q} A_i(t)\,\underline{x}(t-h_i) + B(t)\underline{u}(t)$$

$$\underline{y}(t) = \sum_{i=0}^{q} H_i(t)\underline{x}(t-h_i)$$

$$o = h_o < h < h_2 < \cdots\cdots < h_q < T$$

$$\underline{x}(t) = \underline{\varepsilon}(t) \quad \text{für} \quad t \in \left[t_o - h_q,\ t_o\right] \tag{133}$$

wobei

$\underline{x}(t)$ der Zustandsvektor (Dim. n)
$\underline{y}(t)$ der Ausgangsvektor (Dim. m)
$\underline{u}(t)$ der Steuervektor   (Dim. r)
$A_i(t)$ die (n,n) Zustandsmatrizen
$B(t)$ der (n,r) Steuermatrix
$H_i(t)$ die (m,n) Messmatrizen
h_i die konstanten Totzeiten

Die Matrizen $A_i(t)$, $B(t)$ und $H_i(t)$ sind stetig.

Der Anfangsvektor $\underline{\varepsilon}(t)$ sowie der Steuervektor $\underline{u}(t)$ können
stückweise stetig sein.

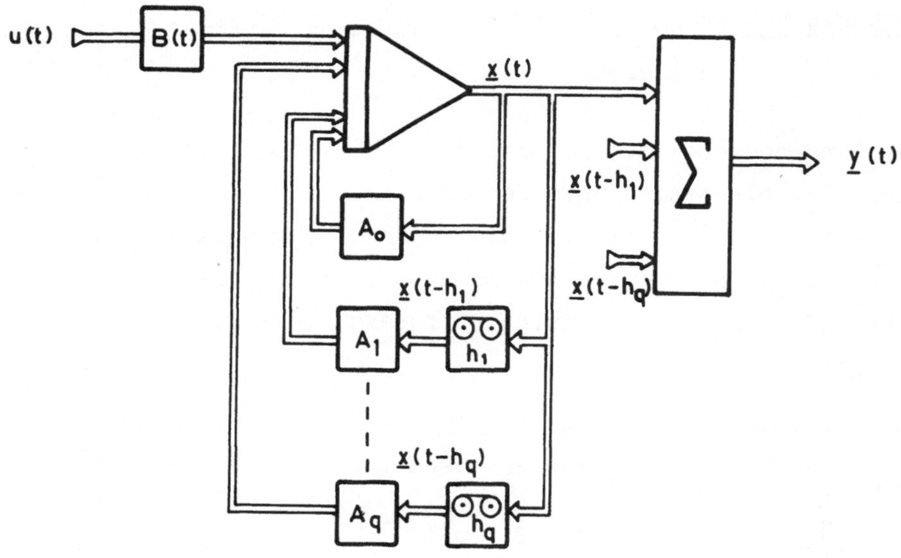

Bild 19. Das Regelsystem mit Totzeitgliedern

Totzeiten können auch bei der Steuergrösse $\underline{u}(t)$ auftreten.
In diesem Fall muss man $B(t)\underline{u}(t)$ durch

$$\sum_o^\ell B_i(t)\underline{u}(t-w_i) \quad ; \quad o = w_o < w < \cdots < w_\ell$$

ersetzen. w_i sind die Totzeiten bei der Steuergrösse $\underline{u}(t)$.
Die Berücksichtigung solcher Totzeiten stellt kein neues
Problem dar und wird hier deshalb nicht unternommen werden [14].

Die bekannte Lösung der Optimierungsaufgabe für das System
(133) bezüglich der q adratischen Zielfunktion

$$\text{Min } Z(\underline{x}(t), \underline{u}(t)) = \underline{x}'(T) S \underline{x}(T) +$$

$$\int_o^T \left\{ \underline{x}'(t)Q(t)\underline{x}(t) + \underline{u}'(t)R(t)\underline{u}'(t) \right\} dt$$

$$\text{T die vorgegebene Steuerungszeit} \qquad (134)$$

$$R(t) > o \; ; \; Q(t) \geqslant o \; ; \; S \geqslant o$$

$$R(t) \; ; \; Q(t) \text{ sind stückweise stetig über } [o, T]$$

wird hier zusammengefasst [12,15]:

"Unter der Annahme, dass die Steuergrösse $\underline{u}(t)$ sowie die Zustandsgrösse $\underline{x}(t)$ unbeschränkt sind und dass der Endzustand $\underline{x}(T)$ frei ist (die Annahmen Al und A2 in der Einführung), erhält man den optimalen Steuervektor $\underline{u}^*(t)$ durch die Gleichung

$$\underline{U}^*(t) = - 0.5\ R^{-1}(t)\ B'(t)\ \underline{\psi}^*(t) \tag{135}$$

Der optimale Zustandsvektor $\underline{x}^*(t)$ und der adjungierte Vektor $\underline{\psi}^*(t)$ erfüllen die folgenden Differential-Differenzengleichung

$$\underline{\dot{x}}^*(t) = \sum_{i=0}^{q} A_i(t)\underline{x}^*(t-h_i) - 0.5\ B(t)R^{-1}(t)B'(t)\underline{\psi}^*(t)$$

$$\underline{\dot{\psi}}^*(t) = - \sum_{i=0}^{q} A_i'(t+h_i)\underline{\psi}^*(t+h_i) - 2\ Q(t)\underline{x}^*(t)$$

$$\text{für } \underline{t}_o < t^\epsilon < T - h_q$$

$$\underline{\dot{\psi}}^*(t) = -\sum_{i=0}^{k} A_i'(t+h_i)\underline{\psi}^*(t+h_i) - 2\ Q(t)x^*(t)$$

$$\text{für } T - h_{k+1} \leqslant t \leqslant T - h_k\ ;\quad k = 0,\ 1,\ \ldots,(q-1) \tag{136}$$

mit den Randbedingungen

$$\underline{x}(t) = \underline{\mathcal{E}}(t) \qquad\qquad t_o - h_q \leqslant t \leqslant t_o$$

$$\underline{\psi}^*(T) = 2\ S\ \underline{x}^*(T) \tag{137}$$

Die optimale Steuergrösse $\underline{u}(t)$ wird aus der linearen Randwertaufgabe für ein System von Differential-Differenzengleichungen 2n - ter Ordnung bestimmt. Man bemerkt hier die Analogie zur linearen Randwertaufgabe in Gl(11). Beide Aufgaben sind erwartungsgemäss für

$$h_i \equiv 0 \qquad\qquad ; \qquad\qquad A = \sum_{i=0}^{q} A_i$$

identisch.

Die Versuche, die Randwertaufgabe in (136, 137) zu einer
Anfangswertaufgabe zurückzuführen oder die Hamilton-Jakobi
partielle Differentialgleichung direkt zu verwenden führen
nicht zu brauchbaren Ergebnissen. Sind zudem Endbedingungen
oder Restriktionen über $\underline{u}(t)$ vorhanden, so werden die notwendigen Bedingungen für die Optimalität noch komplizierter.

2.1.1 <u>**DIE FORMULIERUNG DER OPTIMIERUNGSAUFGABE**</u>

— Das Regelsystem wird durch das Gleichungssystem (133) beschrieben und die Zielfunktion durch Gl(25). Man kann aber
- wegen der vorhandenen Totzeiten h_i - den ersten Term in
der Zielfunktion durch die Summe

$$\sum_{i=o}^{q} \underline{x}'(T-h_i)\, S_i\, \underline{x}(T-h_i) \tag{138}$$

oder das Integral

$$\int_{T-h_q}^{T} \underline{y}'(t)\, S(t)\underline{y}(t)dt \qquad ; \qquad S(t) \geqq o \tag{139}$$

ersetzen.

— Endbedingungen in der Form

$$\underline{x}(T) = o$$

sind für Regelsysteme mit Totzeitgliedern unzweckmässig, weil
die Speicherelemente h_i den Zustandsvektor $\underline{x}(t)$ bei $t > T$
verändern können. Die folgenden Formen der Endbedingungen sind
für das vorliegende Regelungsproblem mehr geeignet

$$\text{a)} \quad \underline{x}(T-h_i) = o \qquad i = o,\ 1,\ 2,\ \dots,q \tag{140}$$

$$\text{b)} \quad \underline{x}(T) = o$$

$$\underline{\dot{x}}(T) = o \tag{141}$$

c) $\int_{T-h_q}^{T} \underline{x}'(t)\underline{x}(t)dt \leqslant \delta$ (142)

_ Die Steuergrösse $\underline{u}(t)$ sowie die Zustandsgrösse $\underline{x}(t)$ können unbeschränkt oder beschränkt sein.

2.1.2 DIE LOESUNG DER OPTIMIERUNGSAUFGABE

Die Lösung der Differential-Differenzengleichung in (133) existiert. Sie ist eindeutig, stetig für $t \geqslant t_o$ und kann in der folgenden Form geschrieben werden $[$ Oğuztöreli $37]$.

$$\underline{x}(t,t_o, \underline{\mathcal{E}}(t), u(t)) = \int_{t_o-h_q}^{t_o} M(\lambda,t)\underline{\mathcal{E}}(\lambda)d\lambda$$

$$+\int_{t_o}^{t} N(\lambda,t)B(\lambda)\underline{u}(\lambda)d\lambda$$ (143)

wobei   1) die Matrix $M(\lambda,t)$ erfüllt die Gleichung

$$\frac{\delta M(\lambda,t)}{\delta t} = \sum_{i=o}^{q} A_i(t) \, M(\lambda,t-h_i)$$ (144)

mit der Anfangsbedingung

$$M(\lambda,t) = \delta(t-\lambda) \, I_n$$ (145)
$$t\epsilon\left[t_o-h_q; \, t_o\right] \quad , \lambda \, \epsilon \, \left[t_o-h_q; \, t_o\right]$$

2) Die Matrix $N(\lambda,t)$ erfüllt die Gleichung

$$\delta\frac{N(\lambda,t)}{\delta t} = \sum_{i=o}^{q} A_i(t)N(\lambda, \, t-h_i)$$ (146)

mit den Anfangsbedingungen

$$N(\lambda,t) = \begin{cases} o & \text{für } t < \lambda \\ I & t = \lambda \end{cases}$$ (147)

Die Matrizen $M(\lambda,t)$ und $N(\lambda,t)$ sind eindeutig. Die Gleichungen (144 und 145) und (146 und 147) heissen die adjungierten Gleichungen erster und zweiter Ordnung.

Verwendet man eine stufenförmige Steuergrösse $\underline{u}(t)$, so kann man die Lösung für $\underline{x}(t)$ in der folgenden Form schreiben

$$\underline{x}(t) = \underline{x}_{\varepsilon}(t,\underline{\varepsilon}(t)) + X(t,t_o)\,\underline{U} \tag{148}$$

wobei

$$\underline{x}_{\varepsilon}(t,\underline{\varepsilon}(t)) = \int_{t_o-h_q}^{t_o} M(\lambda,t)\underline{\varepsilon}(\lambda)d\lambda \tag{149}$$

und

$$X(t,t_o) = \int_{t_o}^{t} N(\lambda,t)\,B(\lambda)\,V(\lambda)d\lambda \tag{150}$$

Aus den Gleichungen (133) und (148) erhält man den Ausgangsvektor $\underline{y}(t)$

$$\underline{y}(t) = \sum_{i=0}^{q} \left[\underline{y}_{\varepsilon,i}(t-h_i, \underline{\varepsilon}(t)) + Y_i(t-h_i,t_o)\underline{U}\right] \tag{151}$$

wobei

$$\underline{y}_{\varepsilon,i}(t-h_i, \underline{\varepsilon}(t)) = H_i(t)\,\underline{x}_{\varepsilon}(t-h_i, \underline{\varepsilon}(t))$$

$$Y_i(t-h_i,t_o) = H_i(t)\,X(t-h_i, t_o) \tag{152}$$

Man setzt Gl.(151) in der Zielfunktion (134) ein und erhält die quadratische Funktion

$$\begin{aligned}
z(\underline{x}(t), \underline{u}(t)) &= Z(\underline{\varepsilon}(t), \underline{U}) \\
&= Z(\underline{\varepsilon}(t)) + 2\,\underline{U}'\underline{\beta}(\underline{\varepsilon}(t)) \\
&\quad + \underline{U}'\left[z(S) + z(Q) + z(R)\right]\underline{U}
\end{aligned} \tag{153}$$

wobei

$$z(\underline{\varepsilon}(t)) = \left[\sum_{0}^{q} \underline{y}'_{\varepsilon,i}(T-h_i, \underline{\varepsilon}(t))\right] \ S \ \left[\sum_{0}^{q} \underline{y}_{\varepsilon,i}(T-h_i, \underline{\varepsilon}(t))\right]$$

$$+ \int_{0}^{T} \left[\sum_{0}^{q} \underline{y}'_{\varepsilon,i}(t-h_i, \underline{\varepsilon}(t))\right] Q(t) \left[\sum_{0}^{q} \underline{y}_{\varepsilon,i}(t-h_i, \underline{\varepsilon}(t))\right] dt$$

$$\underline{\beta}(\underline{\varepsilon}(t)) = \left[\sum_{0}^{q} Y'_i(T-h_i, t_0)\right] S \left[\sum_{0}^{q} \underline{y}_{\varepsilon,i}(T-h_i, \underline{\varepsilon}(t))\right]$$

$$+ \int_{0}^{T} \left[\sum_{0}^{q} Y'_i(t-h_i, t_0)\right] Q(t) \left[\sum_{0}^{q} \underline{y}_{\varepsilon,i}(t-h_i, \underline{\varepsilon}(t))\right] dt$$

$$z(S) = \left[\sum_{0}^{q} Y'_i(T-h_i, t_0)\right] S \left[\sum_{0}^{q} Y_i(T-h_i, t_0)\right]$$

$$z(Q) = \int_{0}^{T} \left[\sum_{0}^{q} Y'_i(t-h_i, t_0)\right] Q(t) \left[\sum_{0}^{q} Y_i(t-h_i, t_0)\right] dt$$

$$z(R) = \int_{0}^{T} V'(t) \ R(t) \ V(t) \ dt \qquad (154)$$

Es muss hier erwähnt werden, dass die Kenntnisse der Matrizen
$M(\lambda,t)$ und $N(\lambda,t)$ für die Bestimmung von $z(S)$, $z(Q)$ oder
$\underline{\beta}(\underline{\varepsilon}(t))$ nicht notwendig ist. Die Matrizen $z(S)$, $z(Q)$ und der
Vektor $\underline{\beta}(\underline{\varepsilon}(t))$ können durch <u>direkte Messungen</u> der Regelstrecke
oder durch die <u>numerische Lösung</u> der Differential-Differenzen-
gleichung (133) bestimmt werden. Die Komplexität der Ausdrücke
in (154) sind für einen Digitalrechner nicht schwerwiegend, erfordert aber vorsichtige Aufstellung des Rechenprogramms.

Ein wesentlicher Unterschied zum Kapitel 1 ist hier die Abhän-
gigkeit des Vektors $\underline{\beta}(\underline{\varepsilon}(t))$ vom Anfangsvektor $\underline{\varepsilon}(t)$. Es ist
daher zweckmässiger, eine Approximation des Anfangsvektors $\underline{\varepsilon}(t)$
über das Intervall $\left[t_0-h_q, \ t_0\right]$ durchzuführen. $\underline{\varepsilon}(t)$ kann durch
solche Approximation in der folgenden Form dargestellt werden:

$$\underline{\varepsilon}(t) = T(t) \cdot \underline{\varepsilon} \tag{155}$$

wobei

$$\underline{\varepsilon}' = \begin{bmatrix} \underline{\varepsilon}'_1 & \underline{\varepsilon}'_2 & \cdots & \underline{\varepsilon}'_n \end{bmatrix} \tag{156}$$

$$T(t) = \begin{bmatrix} \underline{T}'_a(t) & & & \\ & \underline{T}'_a(t) & & \\ & & \ddots & \\ & & & \underline{T}'_a(t) \end{bmatrix} \tag{157}$$

$$\underline{T}'_a(t) = \begin{bmatrix} T_o(t) & T_1(t) & \cdots & T_p(t) \end{bmatrix} \tag{158}$$

$T_j(t)$; $j = o, 1, \ldots , p$ sind geeignete Basisfunktionen (z.B. Chebyschev Polynome) über das Intervall $\begin{bmatrix} t_o - h_q , & t_o \end{bmatrix}$

Durch die Gleichung (155) erhält man

$$\underline{\beta}(\underline{\varepsilon}(t)) = \beta \cdot \underline{\varepsilon} \tag{159}$$

wobei

1. $\underline{\varepsilon}$ ist eine n.(p+ 1) Vektor

2. β ist eine rN, n(p + 1) Matrix

und

$$\beta = \left[\sum_o^q Y'_i (T-h_i, t_o) \right] S \left[\sum_o^q Y_{\varepsilon,i}(T-h_i, t_o) \right]$$
$$+ \int_o^T \left[\sum_o^q Y'_i (t-h_i . t_o) \right] Q(t) \left[\sum_o^q Y_{\varepsilon,i}(t-h_i, t_o) \right] dt \tag{160}$$

$$Y_{\varepsilon,i}(t-h_i, t_o) = H_i(t) \int_{t_o-h_q}^{t_o} M(\lambda,t) T(\lambda) d\lambda \tag{161}$$

a) <u>Die Konvexität der Zielfunktion $Z(\underline{U}, \varepsilon(t))$</u>

Die quadratische Zielfunktion (153) ist für $R(t) > o$;
$Q(t) \geqslant o$; $S \geqslant o$ streng konvex. Der Beweis dafür geht
ganz analog zum Abschnitt (1.3.a.1). Falls $R(t) \equiv o$ ist,
bleibt sie genau dann streng konvex, wenn eine Zeile der
Matrix

$$Q_1' \ (t) \ \left[\sum_{i=o}^{q} Y_i(t-h_i, \ t_o) \right] \qquad (162)$$

aus Nr linearunabhängigen Funktionen besteht (Abschnitt
(1.3.a.2)).

b) <u>Der optimale Steuervektor für den freien Fall</u>

Der optimale Steuervektor $\underline{U}^*$ erhält man aus der linearen
Gleichung

$$C \ \underline{U}^* = \ - \ \underline{\beta} \ (\underline{\varepsilon}(t)) \qquad (163)$$

oder

$$C \ \underline{U}^* = \ - \beta \cdot \underline{\varepsilon} \qquad (164)$$

wobei

$$C = Z(S) + Z(Q) + Z(R) > o$$

Die Matrizen C, β können aus direkten Messungen der Regelstrecke bestimmt werden. Man braucht also die Matrizen
$A_i(t)$, $B(t)$, $H_i(t)$ der Differential-Differenzengleichung
(133) nicht zu kennen. Dieser Umstand ist für die Optimierung von industriellen Anlagen, wo man den Zustandsvektor
$\underline{x}(t)$ direkt messen kann, von Bedeutung. Man wird nicht mehr
gezwungen, wie dies bei den Variationsmethoden der Fall ist,
aus diesen Messungen die Differential-Differenzengleichung
(133) der Anlage explizit zu bestimmen. Man <u>vermeidet damit</u>
<u>ein schwieriges Identifikationsproblem</u>!

c) <u>Der optimale Steuervektor bei vorhandenen Endbedingungen</u>

Die Berücksichtigung der Endbedingungen in (140) und (141)
führt zu linearen Nebenbedingungen, die analog zum Abschnitt
(1.3.b.2) behandelt werden können. Endbedingungen der Form
(142) - sie sind eigentlich Integralrestriktionen über
einen Teil des Steuerintervalls - führen zur folgenden
konvexen Bedingung

$$Z_e(\underline{\varepsilon}) + 2 \underline{U}' \beta_e \underline{\varepsilon} + \underline{U}' C_e \underline{U} \;\; \leq \delta \tag{165}$$

wobei

$$C_e = \int_{T-h_q}^{T} X'(t,t_o)X(t, t_o)dt \tag{166}$$

$$\beta_e = \int_{T-h_q}^{T} X'(t, t_o) X_\varepsilon (t, t_o)dt \tag{167}$$

$$Z_e(\underline{\varepsilon}) = \underline{\varepsilon} \int_{T-h_q}^{T} X_\varepsilon' (t,t_o) X_\varepsilon (t,t_o)dt \; \underline{\varepsilon} \tag{168}$$

wobei

$$X_\varepsilon(t, t_o) = \int_{t_o-h_q}^{t_o} M(\lambda, t) \, T(\lambda)d\lambda \tag{169}$$

Die Optimierungsaufgabe lautet in diesem Fall:

$$\underset{\underline{U}}{\text{Min}}\; Z(\underline{\varepsilon},\underline{U}) = Z(\underline{\varepsilon}(t)) + 2 \underline{U}'\beta\underline{\varepsilon} + \underline{U}' C \underline{U}$$
$$C > o$$

mit

$$Z_e(\underline{\varepsilon}) + 2 \underline{U}' \beta_e \underline{\varepsilon} + \underline{U}' C_e \underline{U} \leq \delta$$
$$C_e > o \tag{170}$$

Diese Aufgabe ist eine konvexe Programmierungsaufgabe.

Falls Restriktionen über $\underline{u}(t)$ oder $\underline{x}(t)$ vorhanden sind, so
führen diese zu quadratischen oder konvexen Programmierungs-
aufgaben. Diese Aufgaben müssen, bei der Lösung der Zustand-
regelung, bei jedem Intervallabschnitt t_k gelöst werden. Im
Unterschied zum Kapitel 1 muss man bei der Regelung von Systemen mit Totzeiten, den Zustandsvektor $\underline{x}(t)$ nicht nur bei
$t = t_k$, sondern über das ganze Intervall $\left[t_k-h_q,\ t_k\right)$ messen.
Zudem muss $\underline{x}(t)$; $t \varepsilon \left[t_k-h_q,\ t_k\right]$ in einer Form wie (155) entwickelt werden. Für die direkte Computersteuerung muss der
Rechner genügend Zeit zur Verfügung haben, um diese Entwick-
lung und die Optimierung durchzuführen. Das bedingt, dass das
Abtastintervall genügend gross sein muss. Obwohl die vorgeschlagene Methode grosse Abtastintervalle, ohne Beeinträchtigung
der Genauigkeit erlaubt, ist die Anwendung von direkter Computersteuerung nur für langsame Regelprozesse mit Totzeiten
zu empfehlen. Glücklicherweise weisen solche Regelprozesse in
der Praxis (z.B. eine Zementmühle) meistens ein langsames Verhalten auf.

Falls die maximale Totzeit h_q kleiner als das Steuerintervall
τ_j ist, wird der Digitalrechner (bei genügend grossen τ_j) die
Berechnung des Vektors $\underline{\varepsilon}$ während der Zeit $t \varepsilon \left[t_{k+1}-h_q,\ t_{k+1}\right]$
durchführen. Bei $t = t_{k+1}$ sollte die Programmierungsaufgabe ge-
löst werden. Die Bestimmung des Vektors $\underline{\varepsilon}$ kann aber teilweise
durch Analogrechenelementen (wie Integratoren) durchgeführt
werden. Wenn das Steuerintervall τ_j nicht genügend gross gewählt
werden dürfte, so bleibt nicht anderes übrig, als die Anwendung
von Analogrechenelementen zur Bestimmung von $\underline{\varepsilon}$. Der Digitalrechner kann die Steuerung dieser Analogrechenelementen über-
nehmen. Man verwendet deswegen einen Hybridenrechner für die
direkte Computersteuerung. Die notwendigen Analogrechenelemen-
te, wie Multiplikatoren, Summatoren oder Integratoren sind heute
bei Genauigkeiten unterhalb von 0.25 p.m und mit Integrations-
zeiten von 1 ms bis 100 s erhältlich.

2.1.3 BEISPIELE FUER DIE OPTIMALE STEUERUNG MIT TOTZEITEN [14]

1. Ein System erster Ordnung

Uebertragungsfunktion:
$$\frac{e^{-p}}{1+2p+e^{-p}}$$

Differential-Differenzengleichung:

$$\dot{x}(t) = - 0.5\ x(t) - 0.5\ x(t-1) + 0.5\ u(t-1)$$
$$x(o) = 1$$
$$x(t) \equiv o \qquad\qquad - 1 \leqslant t < o$$

Hier findet man eine Totzeit von einer Sekunde bei der Steuergrösse $u(t)$

Die Zielfunktion: (minimale quadratische Regelfläche)

$$\text{Min} \int_{1}^{6} x^2(t)\ dt$$

(N.B.: $R(t)$ ist hier identisch Null!).

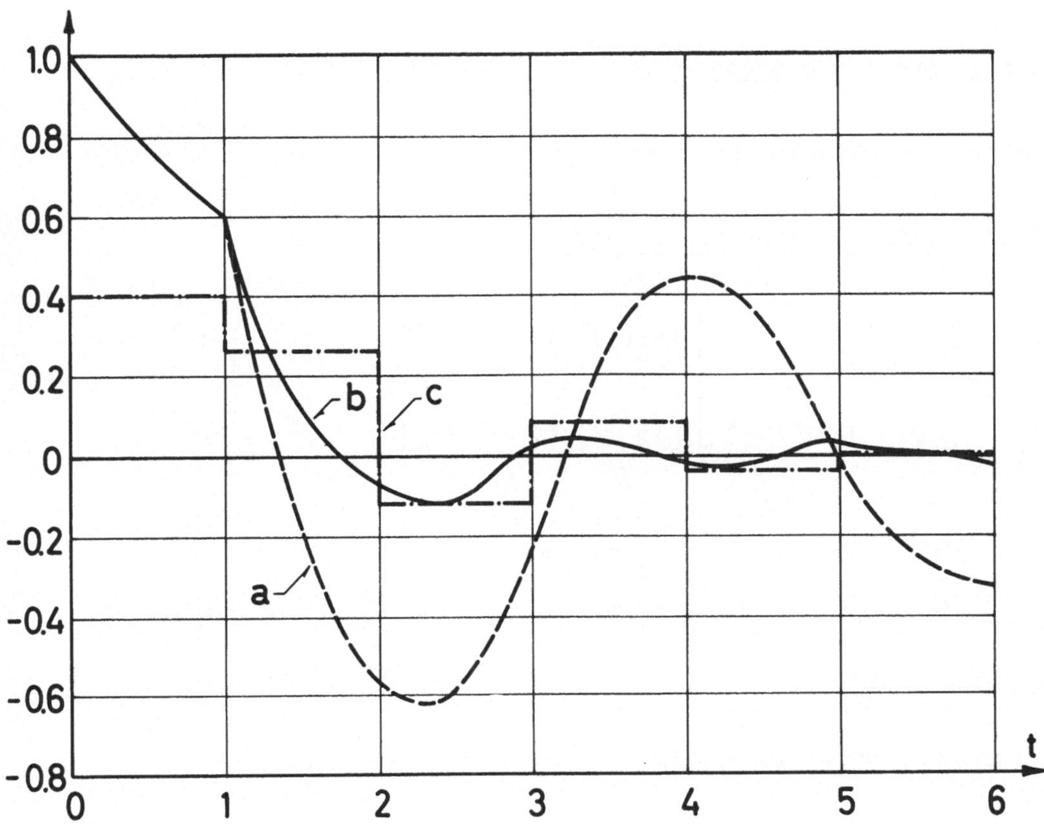

Bild 20:a)Die Schrittantwort des Systems erster Ordnung mit Totzeit
b)Der optimale Verlauf für minimale Regelfläche (N = 5)
c)Die Optimale Steuergrösse u(t) (N = 5)

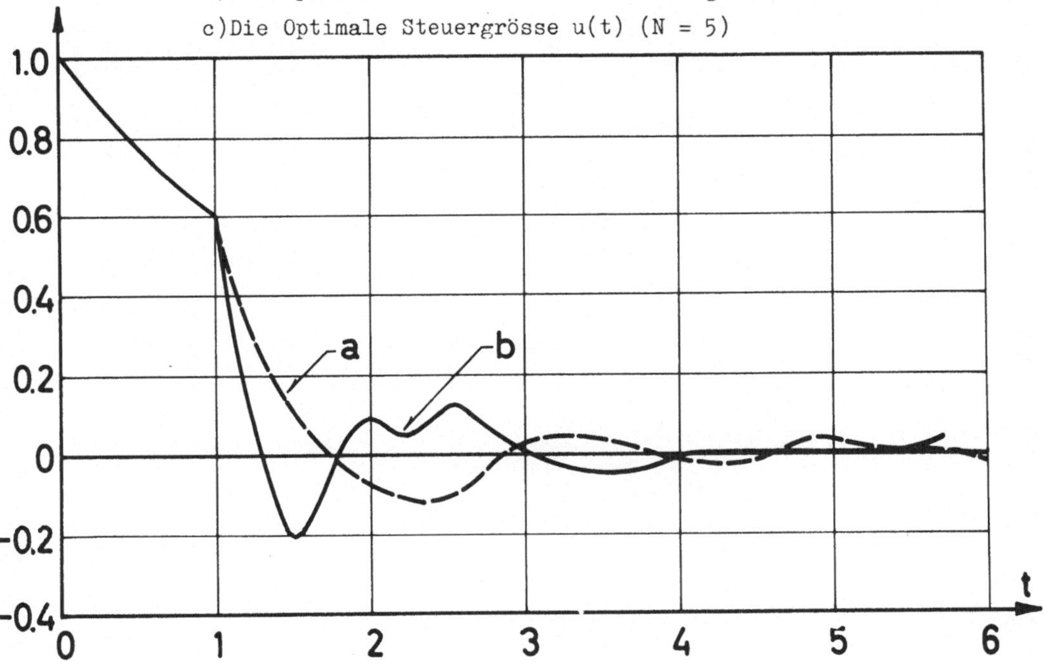

Bild 21: a) Der Optimale Verlauf für minimale Regelfläche bei N = 5
b) Der optimale Verlauf für minimale Regelfläche bei N = 10

2. **System zweiter Ordnung** [14]

Uebertragungsfunktion:
$$\frac{0.5\ e^{-p}}{1+2p+p^2+0.5\ e^{-p}}$$

Differential-Differenzengleichung

$$\frac{d}{dt}\begin{bmatrix}x_1(t)\\x_2(t)\end{bmatrix}=\begin{bmatrix}0 & 1\\-1 & -2\end{bmatrix}\begin{bmatrix}x_1(t)\\x_2(t)\end{bmatrix}+\begin{bmatrix}0 & 0\\-0.5 & 0\end{bmatrix}\begin{bmatrix}x_1(t-1)\\x_2(t-1)\end{bmatrix}+\begin{bmatrix}0\\0.5\end{bmatrix}u(t-1)$$

Anfangsbedingungen:
$$x_1(0) = 1$$
$$x_2(0) = 0$$
$$x_1(t) = x_2(t) \equiv 0 \quad -1 \leqslant t < 0$$

Die Zielfunktion:

$$\text{Min}\ \int_1^6 (\ddot{x}_1^2(t) + \lambda u^2(t))dt$$

$$\text{mit}\ x_1(6) = \dot{x}_1(6) = 0$$

$$\lambda = 0.1\ ;\ 1\ ;\ 10$$

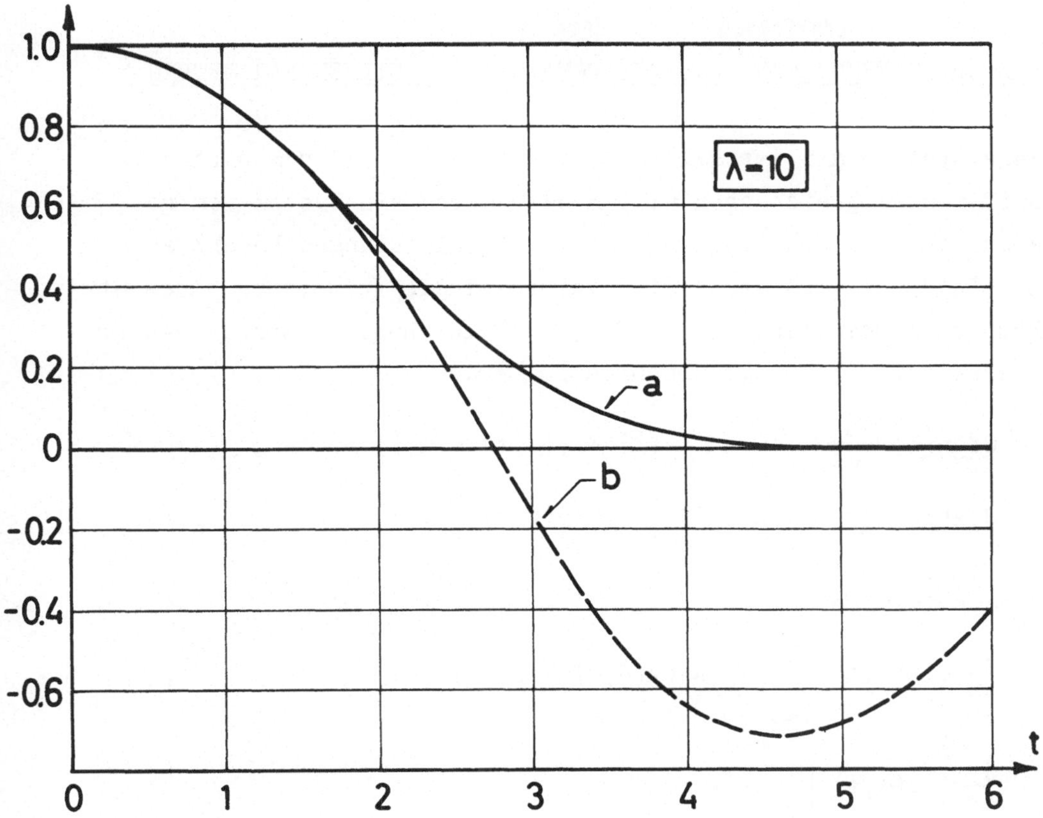

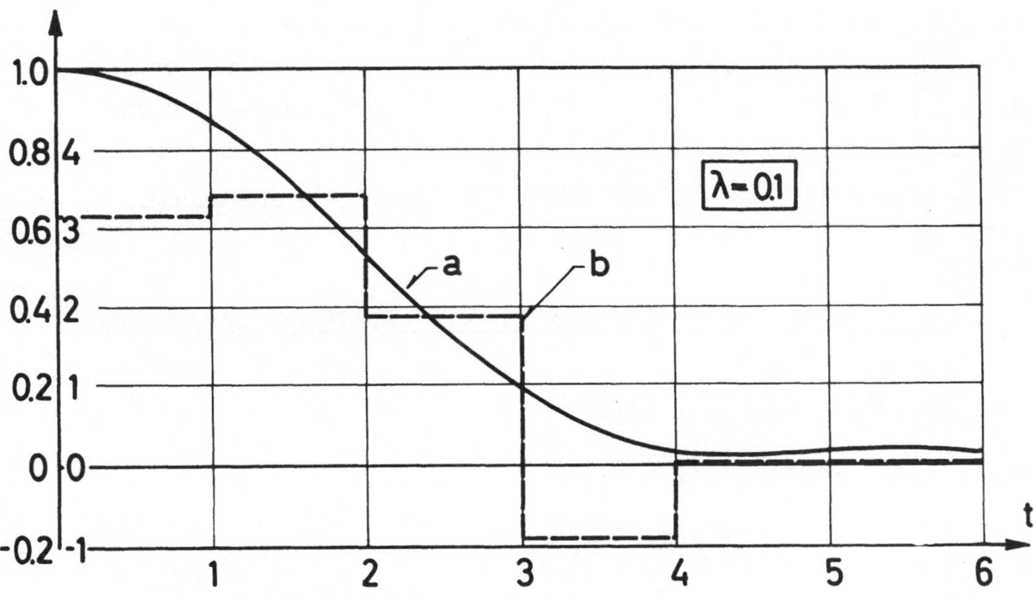

Bild 22: a) Der optimale Verlauf bei λ = 10

   b) Die Schrittantwort des Systems

Bild 23: a) Der optimale Verlauf bei λ = 0.1

   b) Die Steuergrösse U(t)

2.2   DIE OPTIMIERUNG VON REGELSYSTEMEN MIT VERTEILTEN PARAMETERN

Regelsysteme mit verteilten Parametern werden durch partielle
Differentialgleichungen allein oder durch ein System von gewöhnlichen und partiellen Differentialgleichungen beschrieben.
Ein Beispiel (Ichikawa [21]) dafür ist die Aufwärmung eines Sta-
bes in **einem** Ofen. Das Differentialgleichungssystem dieses Pro-
zesses kann wie folgt geschrieben werden

$$\underline{\text{Ofen:}} \quad \frac{dx_o(t)}{dt} = -\gamma\, x_o(t) + y(o,t) + u(t)$$

$$\underline{\text{Stab:}} \quad \frac{\delta}{\delta t} \cdot y(x,t) = \frac{\delta 2}{\delta x^2} \cdot y(x,t) \tag{171}$$

Randbedingungen:

$$\frac{\delta}{\delta x} \cdot y(x,t) \Big|_{x=o} = a\,(y(o,t) - x_o(t))$$

$$\frac{\delta}{\delta x} \cdot y(x,t) \Big|_{x=l} = o$$

Die Behandlung von Regelsystemen, die durch gewöhnliche <u>und</u>
partielle Differentialgleichungen beschrieben sind, läuft
ganz ähnlich wie diejenigen, welche durch partielle Differentialgleichungen allein dargestellt sind. Es wird daher in
diesem Abschnitt nur über die Optimierung der letzten Art von
Regelsystemen mit verteilten Parametern gesprochen. Das Beispiel am Abschnittsende wird aber ein System mit <u>gemischten</u>
Differentialgleichungen behandeln.

2.2.1   DIE BESCHREIBUNG EINES REGELSYSTEMS MIT VERTEILTEN PARAMETERN

a) <u>Die Differentialgleichung</u>

$$S_t \cdot y(\underline{x},t) = S_{\underline{x}} \cdot y(\underline{x},t)$$

$$+ B(\underline{x},t)\, u_I(\underline{x},t)$$

$$\tag{172}$$

wobei

S_t ist ein linearer Zeitoperator

$$(z.B. \quad \frac{\delta}{\delta t})$$

$S_{\underline{x}}$ ist ein linearer Raumoperator

$$(z.B. \quad \frac{\delta 2}{\delta x2})$$

$\underline{x}$ der n-dimensionale Raumvektor im Raumgebiet Ω

$u_I(\underline{x},t)$ Die <u>innere Steuergrösse</u>

$y(\underline{x},t)$ Die Ausgangsgrösse

b) <u>Die Anfangsbedingung</u> (Anfangsverteilung)

$$y(\underline{x},t_o) \;=\; y_o(\underline{x}) \tag{173}$$

(bzw. $S_{i,o} \cdot y(\underline{x},t_o) \;=\; y_{i,o}(x)$ für mehrere Bedingungen)

c) <u>Die Randbedingung</u>

$$S_R \cdot y(\underline{x}_R,t) \;=\; u_R(\underline{x}_R,t) \tag{174}$$

wobei

S_R ist ein linearer Randoperator

$\underline{x}_R$ der n-dimensionale Raumvektor im Randgebiet Ω_R

$u_R(\underline{x}_R,t)$ <u>die Randsteuergrösse</u>

<u>Bemerkung:</u> Es können mehrere Ausgangsgrössen vorhanden sein, die in einem Vektor zusammengefasst sind. Die Operatoren S_t ; $S_{\underline{x}}$, S_R werden in diesem Fall Matrizen-Operatoren sein. Zudem können gemischte Operatoren (die im Raum und über t wirken) berücksichtigt werden.

In der obigen Beschreibung von Systemen mit verteilten Parametern bemerken wir, dass zwei Steuergrössen $u_I(\underline{x},t)$ und $u_R(\underline{x}_R,t)$ vorhanden sind. Im Unterschied zu Kapitel 1 sind

jetzt diese Steuergrössen <u>über den Raum</u> Ω <u>verteilt</u>. Man
nennt deshalb Regelsysteme mit verteilten Parametern der
Einfachheit halber "<u>verteilte Systeme</u>".

2.2.2 <u>DIE BEKANNTE OPTIMIERUNGSMETHODE FUER QUADRATISCHE ZIEL-</u>
<u>FUNKTIONEN</u>

Die Optimierung von verteilten Systemen stützt sich auf die
Erweiterung des Maximumprinzips von Pontryagin auf partielle
Differentialgleichungen. Diese Erweiterung wurde vorwiegend
von russischen Autoren, insbesondere von A. Butkovski $\big[$7,
8 , 9, 6$\big]$ unternommen. Hingegen wurde die Anwendung der dynamischen Programmierung und der Jacobi-Hamilton'schen Theorie [45]
von USA-Autoren durchgeführt [51,52]. Für quadratische Zielfunktionen werden die gewonnenen Resultate hier kurz zusammengefasst:

<u>Gesucht:</u> die innere Steuergrösse $u_I(\underline{x},t)$, welche die
Zielfunktion ($y^*(\underline{x})$ ist eine gewünschte Verteilung)

$$Z(u(t)) \;=\; \int_\Omega (y^*(\underline{x})-y(\underline{x},T))^2 d\underline{x} \;+\lambda\!\int_0^T\!\!\int_\Omega u_I^2(\underline{x},t)d\underline{x}dt$$

(T gegeben; $y(\underline{x},T)$ frei; $\lambda > 0$) \hfill (175)

minimalisiert. Die Grösse $y(\underline{x},t)$ erfüllt die partielle
Differentialgleichung (172), die Anfangsbedingung (173)
und die Randbedingung (174) mit

$$S_t \;=\; \frac{\delta}{\delta t} \;;\quad u_R(\underline{x}_R,t) \;=\; 0 \tag{176}$$

Man bildet die Hamilton Funktion $\big[\;\;6\;\;\big]$

$$H \;=\; \lambda \int_\Omega u_I^2(\underline{x},t)d\underline{x} \;+\; \int_\Omega \Psi(\underline{x},t)\cdot\frac{\delta y(\underline{x},t)}{\delta t}\;d\underline{x}$$

$$=\int_\Omega \Big[\lambda u_I^2(\underline{x},t) \;+\; \Psi(\underline{x},t)\,(S_{\underline{x}}\cdot y(x,t)\cdot \tag{177}$$

$$+\; B(\underline{x},t)u_I(\underline{x},t)\Big]d\underline{x} \tag{178}$$

wobei $\psi(x,t)$ die adjungierte Grösse ist, welche die folgende (adjungierte) partielle Differentialgleichung

$$\frac{\delta}{\delta t}\,\psi(\underline{x},t)\;=\;-\,S^{*}_{\underline{x}}\,\cdot\,\psi(\underline{x},t) \tag{179}$$

mit der Endbedingung

$$\psi(\underline{x},\,T)\;=\;2\left[y^{*}(\underline{x})-y\,(\underline{x},\,T)\right] \tag{180}$$

erfüllt. Der Operator $S^{*}_{\underline{x}}$ ist der adjungierte Operator[6].

Die optimale Steuergrösse $u_I(\underline{x},t)$ bestimmt man aus dem Minimum von H in Gl (178). Für die <u>unbeschränkte</u> Steuergrösse $u_I(\underline{x},t)$ erhält man die folgende Optimalitätsbedingung:

$$2\,\lambda\,u_I(\underline{x},t)\,+\,B(\underline{x}.t)\,\psi(\underline{x},t)\;=\;0$$

d.h.

$$u^{*}_{I}(x,t)\;=\;-\,\frac{0.5}{\lambda}\,B(\underline{x},t)\,\psi(x,t) \tag{181}$$

<u>Man erhält damit das folgende System [6]:</u>

$$\frac{\delta}{\delta t}\,\cdot\,y(\underline{x},t)\;=S_{\underline{x}}\,\cdot\,y(\underline{x},t)\,-\,\frac{0.5}{\lambda}\,B(\underline{x},t)\,\psi(\underline{x},t)$$

$$\frac{\delta}{\delta t}\,\cdot\,\psi(\underline{x},t)\;=\;-\,S^{*}_{\underline{x}}\,\cdot\,\psi(\underline{x},t) \tag{182}$$

mit den Bedingungen

a) <u>Anfangsbedingung:</u> $\quad y(\underline{x},t_o)\;=\;y_o(\underline{x})$
$\qquad\qquad\qquad\qquad\quad$ (bzw. $S_{i,o}\,\cdot\,y(\underline{x},t_o)\;=\;y_{i,o}(x)$)

b) <u>Endbedingung:</u> $\qquad\quad \psi(\underline{x},T)\;=\;2\left[y^{*}(\underline{x})-y(\underline{x},T)\right]$

c) <u>Randbedingungen:</u> $\qquad S_R\,\cdot\,y(\underline{x}_R,t)\;=\;0$
$$S^{*}_{R}\,\cdot\,\psi(\underline{x},t)\;=\;0 \tag{183}$$

$\qquad\qquad\qquad\quad$ (S^{*}_{R} ist der adjungierte Randoperator).

Zur Lösung der Optimierungsaufgabe muss man also die Gleichungen in (182) mit den Bedingungen (183) lösen, um $\Psi(\underline{x},t)$ und damit die Steuergrösse $u_I^*(\underline{x},t)$ (aus der Gleichung (181)) zu erhalten.Da $\psi(\underline{x},o)$ nicht bekannt ist, muss man $\Psi(\underline{x},t)$ durch Rückwärtsintegration aus der Endbedingung in Gl (183) gewinnen. Diese Endbedingung enthält aber die Funktion $y(\underline{x},T)$, welche noch nicht bekannt ist, weil die Lösung für $y(\underline{x},t)$ von $\psi(\underline{x},t)$ (Gleichung (182)) abhängt! Diese typische Situation bei der Optimierung mit partieller Differentialgleichung zeigt deutlich, woher die Schwierigkeit bei der Bestimmung der optimalen Steuergrösse $u_I^*(\underline{x},t)$ kommt. <u>Nimmt man nämlich die Grösse $y(x,T)$ (oder $\Psi(x,T)$) als Parameter und setzt sie in die Gleichungen (182) und (183) ein, so entsteht eine Integralgleichung für $y(x,T)$[21]</u>.

Im Gegensatz zu Kapitel I, wo die Lösung der resultierenden linearen Randwertaufgabe sich auf ein lineares Gleichungssystem für $\psi(o)$ (oder $\underline{\psi}(T)$) reduzieren lässt, muss hier die Verteilung $\underline{\Psi}(\underline{x},o)$, $\underline{\Psi}(\underline{x},T)$ oder $y(\underline{x},T)$ eine Integralgleichung erfüllen. Diese Integralgleichung wird für die <u>beschränkte</u> Steuergrösse $u_I(\underline{x},t)$ zudem komplizierter.

2.2.3   <u>DIE NEUE LÖSUNG DER OPTIMIERUNGSAUFGABE</u>

Für die Anwendung des im Kapitel I beschriebenen Verfahrens zur Optimierung mit quadratischer Zielfunktion auf verteilte Systeme, werden wir hier nur das Grundprinzip demonstrieren. Es wird daher auf die obige Verallgemeinerung verzichtet und nur der eindimensionale Fall behandelt. Es wird vorausgesetzt, dass die Differentialgleichung in (172) eine eindeutige Lösung $y(x,t)$ im Gebiet $\sum\{t,\ x\epsilon\sum/t\epsilon[o,T]\ ;\ x\ \epsilon\ [o,\ 1]\}$ besitzt, welche die Anfangsbedingung (173) und die Randbedingung (174) erfüllt. Für den Fall, dass die Steuergrössen

$u_I(x,t)$ und $u_R(x_R,t)$ unstetig sind, wird verlangt, dass die
Lösung $y(x,t)$ genügend gut approximiert werden kann. Diese
beiden Bedingungen sind für Regelprobleme mit verteilten
Parametern meistens erfüllt. Eine regeltechnische Bedingung
muss man noch voraussetzen. Diese ist, dass das beschriebene
System <u>vollständig steuerbar</u> ist. Diese Bedingung bedeutet,
dass die Ausgangsgrösse $y(x,t)$ von irgendeiner Verteilung
$y_a(x,t_1)$ zu einer anderen Verteilung $y_b(x,t_2)$ übergehen kann
durch geeignete Wahl der Steuergrösse $u_I(x,t)$ oder $\underline{u}_R(x_R,t)$
während des Intervall $\left[t_1,t_2\right]$. Die Bedingung für diese Steuerbarkeit ist in der Regelungstechnik noch nicht klar vorgegeben.
Wir werden uns daher mit der Bestätigung der Steuerbarkeit
aus direkten Messungen oder physikalischen Ueberlegungen be-
gnügen. Ein anschauliches Beispiel für die Bedeutung der
Steuerbarkeit bietet uns der Kernreaktor, welcher durch
Absorptionsstäbe steuerbar ist.

2.2.3.a <u>Die Lösung der partiellen Differentialgleichung</u> [6]

Nach den obigen Voraussetzungen wird die Lösung der partiellen
Differentialgleichung (172) mit den Bedingungen (173) und (174)
die folgende Form annehmen

$$y(x,t) = y_0(x,t) + y_I(x,t) + y_R(x,t) \qquad (184)$$

wobei:

$$y_0(x,t) = \int_0^\ell G_0(t,o,x,x_1)\, y_0(x_1)\, dx_1$$

$$y_I(x,t) = \int_0^t\!\!\int_0^\ell G_I(t,\tau,x,x_1)\, B(x_1,\tau)\, u_I(x_1,\tau)\, dx_1 d\tau$$

$$y_R(x,t) = \int_0^t\!\!\int_{\Omega_R} G_R(t,\tau,x,x_R)\, u_R(x_R,\tau)\, dx_R d\tau$$

$$G_I(t, \tau, x, x_1) \quad \text{ist die Green'sche Funktion für die}$$
$$\text{innere Steuergrösse } u_I(x,t)$$

$$G_o(t, o, x, x_1) = G_I(t, \tau = o, x, x_1)$$

$$G_R(t, \tau, x, x_R) \quad \text{ist die Green'sche Funktion für die}$$
$$\text{Randsteuergrösse } u_R(x_R(x_R,t)$$

$$(185)$$

2.2.3.b Die Formulierung des Optimierungsproblems

Hier wird nur eine Randsteuergrösse bei $x = \ell$ verwendet. Die
Optimierungsaufgabe lautet:

$$\begin{aligned}
\min_{u_R(t)} \ z(u_R(t)) = \ &\lambda_1 \int\limits_o^\ell \left[y^*(x,T) - y(x,T) \right]^2 dx \\
&+ \lambda_2 \int\limits_o^T \int\limits_o^\ell \left[y^*(x,t) - y(x,t) \right]^2 dxdt \\
&+ \lambda_3 \int\limits_o^T u_R^2(t)dt
\end{aligned}$$

$$(186)$$

$$t \epsilon \left[o,T\right]; \quad x_1 \epsilon \left[o,\ell\right] ; \quad T \text{ gegeben}$$

$$\lambda_k \geqslant o \quad (k=1,2,3) \quad ; \quad \lambda_2 + \lambda_3 \neq o$$

für die Ausgangsgrösse $y(x,t)$, welche die folgende Differentialgleichung

$$S_t \cdot y(x,t) = S_x \cdot y(x,t) \tag{187}$$

mit der Anfangsbedingung $(S_t = \frac{\partial}{\partial t})$

$$y(x,o) = y_o(x) \tag{188}$$

und den Randbedingungen

$$S_o \cdot y(o,t) = o$$
$$S_\ell \cdot y(1,t) = u_R(t) \tag{189}$$

erfüllt. Die Funktion $y^*(x,T)$ ist die gewünschte Verteilung bei $t = T$. Die Funktion $y^*(x,t)$ dient als Referenzverteilung über das Gebiet Σ.

Das durch die Gleichungen (186) bis (189) formulierte Problem enthält nur die Randsteuergrösse $u_R(t)$, welche bei $x = \ell$ wirkt. Diese Steuergrösse wird wie in Kapitel I (Gl. 34) in der folgenden Form dargestellt:

$$u_R(t) = \begin{bmatrix} V_1(t) & \cdots & V_N(t) \end{bmatrix} \begin{bmatrix} u_1 \\ u_2 \\ \cdot \\ \cdot \\ \cdot \\ \cdot \\ \cdot \\ u_N \end{bmatrix}_R$$

$$= V(t) \cdot \underline{U}_R \tag{190}$$

(V(t) ist eine (1,N) Matrix)

.2.3.c <u>Die Auswertung der Zielfunktion</u>

Nach Gl(184) und (185) erhält man die Lösung der partiellen Differentialgleichung (187) mit der Anfangsbedingung (188) und den Endbedingungen (189) durch

$$y(x,t) = \int_0^\ell G_0(t,o,x,x_1) y_0(x_1) dx_1$$

$$+ \sum_{j=1}^N u_j \int_0^t G_R(t,\tau,x,\ell) V_j(\tau) d\tau \tag{191}$$

oder

$$y(x,t) = y_0(x,t) + \underline{Y}'(x,t)\, \underline{U}_R \tag{192}$$

wobei

$$y_0(x,t) = \int_0^\ell G_0(t,o,x,x_1) y_0(x_1) dx_1$$

$$\underline{Y}(x,t) = \begin{bmatrix} \int\limits_0^t G_R(t,\tau,x,\ell)V_1(\tau)d\tau \\[2ex] \int\limits_0^t G_R(t,\tau,x,\ell)V_2(\tau)d\tau \\ \vdots \\[1ex] \int\limits_0^t G_R(t,\tau,x,\ell)V_N(\tau)d\tau \end{bmatrix} \qquad (193)$$

Die Elemente des Vektors $\underline{Y}(x,t)$ entstehen aus der zeitlichen Verschiebung der ersten Funktion $Y_1(x,t)$. Durch Einsetzung der Lösung (Gl.(192)) in der Zielfunktion (186) erhält man die quadratische Form

$$Z(\underline{U}_R) = Y(\ell,T) - 2\,\underline{U}_R'\,\underline{\beta} + \underline{U}_R'\,C\,\underline{U}_R \qquad (194)$$

wobei

$$Y(\ell,T) = \lambda_1\phi(\ell,T) + \lambda_2\,\phi(T)$$
$$\underline{\beta} \quad = \lambda_1\underline{\beta}(\ell,T) + \lambda_2\,\underline{\beta}(T)$$
$$C \quad = \lambda_1\,F(\ell,T) + \lambda_2\,F(T) + \lambda_3 R$$

Die Funktion $Y(\ell,T)$, den Vektor $\underline{\beta}$ und die Matrix C erhält man aus den folgenden

$$a(x_1,t) \quad = \quad y^*(x_1,t) - y_o(x_1,t) \qquad \text{*)}$$
$$\phi(\ell,T) \quad = \int\limits_0^\ell \int\limits_0^T \left[a(x_1,t)\right]^2 dtdx_1$$
$$\phi(T) \quad = \int\limits_0^\ell \left[a(x_1,T)\right]^2 dx_1$$
$$\underline{\beta}(\ell,T) \quad = \int\limits_0^\ell \int\limits_0^T a(x_1,t)\underline{Y}(x_1,t)dtdx_1$$

---

*) $\quad a(x_1,t)$ ist die Differenz zwischen der gewünschten Referenzverteilung $y^*(x_1,t)$ und der Lösung $y_o,(x_1,t)$, welche von der Anfangsverteilung $y_o(x,o) = y_o(x)$ herrührt.

$$\underline{\beta}(T) \quad = \int_0^\ell \mathbf{a}(x_1,T)\underline{Y}(x_1,T)dx_1$$

$$F(T) \quad = \int_0^\ell \underline{Y}(x_1,T).\underline{Y}'(x_1,T)dx_1$$

$$F(\ell,T) \quad = \int_0^\ell \int_0^T \underline{Y}(x_1,t).\underline{Y}'(x_1,t)dtdx_1$$

$$R \quad = \mathrm{Diag}\,(\,\tau_1,\,\tau_2,\,\ldots,\,\tau_N) \tag{195}$$

2.2.3.d <u>Die Konvexität der Zielfunktion</u>

Es ist ersichtlich, dass die Matrix R positiv definit ist.
Man kann noch folgendes zeigen:

1. $F(T) \geqq o$
2. $F(\ell,T) > o$ $\hspace{4cm}$ (196)

<u>Beweis:</u>

(1) Die Matrix $F(T)$ ist die Gram'sche Matrix der stetigen
Funktionen $Y_i(x,T)$ über das Intervall $\begin{bmatrix} o, & T \end{bmatrix}$. Sie ist
deshalb mindestens positiv semidifinit.

Die Matrix $F(T)$ kann sogar positiv definit sein, falls
keine stufenförmige Steuergrösse $u(t)$ existiert, so dass

$$\int_0^T G_R(T,\tau,x,\ell)u(\tau)d\tau \quad = \quad o \tag{197}$$

ist für alle Werte von x.

a) Betrachtet man zuerst die Matrix

$$F(x_1,T) = \int_0^T \underline{Y}(x_1,t)\underline{Y}'(x_1,t)dt \tag{198}$$

für ein festes x_1. Diese Matrix ist die Gram'sche Matrix
der stetigen Funktionen $Y_i(x_1,t)$ über das Intervall $\begin{bmatrix} o,T \end{bmatrix}$.
Die Matrix $F(x_1,T)$ ist genau dann positiv definit, wenn
die Funktionen $Y_i(x_1,t)$ für alle Werte $t \in \begin{bmatrix} o,T \end{bmatrix}$ linear
unabhängig sind. Da die Funktionen $Y_i(x_1,t)$ aus der zeit-
lichen Verschiebung von $Y_1(x_1,t)$ entstehen, sind sie
linear unabhängig. Man zeigt diese Unabhängigkeit durch
<u>Induktion</u>

1. **$Y_1(x_1,t)$ und $Y_2(x_1,t)$ sind linear unabhängig**

Falls das nicht zutrifft, existieren zwei reelle Zahlen σ_1, σ_2, welche nicht gleichzeitig verschwinden, so dass

$$\sigma_1 Y_1(x_1,t) + \sigma_2 Y_2(x_1,t) = o \quad \text{für alle } t \,\varepsilon\, \big[o,T\big].$$

gilt. Für das erste Intervall $\big[o,t_1\big]$ gilt aber

$$Y_2(x_1,t) = o \quad ; \quad Y_1(x_1,t) \not\equiv 0$$

So muss $\sigma_1 = o$ sein. Im zweiten Intervall $\big[t_1,t_2\big]$ ist aber $Y_2(x_1,t) \not\equiv 0$, so dass $\sigma_2 = o$ sein muss. Die beiden Funktionen sind also linear unabhängig.

2. $\big\{Y_i(x_1,t)\big\}$; $i = 1,2, \ldots, k<N$ sind linear unabhängig $\Longrightarrow \big\{Y_i(x_1,t)\big\}$; $i = 1,2, \ldots, K+1$ sind linear unabhängig.

Falls das nicht zutrifft, existieren k+1 reellen Zahlen $\sigma_1; \sigma_2, \ldots, \sigma_{k+1}$, welche nicht gleichzeitig verschwinden, so dass

$$\sum_1^k \sigma_i Y_i(x_1,t) + \sigma_{k+1} Y_{k+1}(x_1,t) = o$$

für alle $t\,\varepsilon\,\big[o,T\big]$ gilt. Für das Intervall $\big[o,t_k\big]$ gilt aber

$$Y_{k+1}(x_1,t) = o$$

So muss in diesem Intervall gelten

$$\sum_1^k \sigma_i Y_i(x_1,t) = o$$

Das ist aber gegen die Voraussetzung. Die σ_i ; $i = 1,2, \ldots, k$ sind identisch null.

Im Intervall $\left[t_k, t_{k+1}\right]$ ist $Y_{k+1}(x_1, t) \not\equiv 0$, so dass auch σ_{k+1} verschwinden muss.

b) Es gilt

$$\underline{\theta}'.F(\ell,T).\underline{\theta} = \underline{\theta}'.\int_0^\ell F(x_1,T)dx_1.\underline{\theta}$$
$$= \int_0^\ell \underline{\theta}'.F(x_1,T).\underline{\theta}dx_1$$

Wegen $F(x_1,T) > 0$ wird der Integrand für alle $\underline{\theta} \neq 0$ **positiv** sein. Es gilt also

$$\underline{\theta}'.F(,T).\underline{\theta} > 0 \quad \text{für} \quad \underline{\theta} \neq 0.$$

2.2.3.e Der optimale Steuervektor

Die Bestimmung des optimalen Steuervektors $U_R(t)$ verläuft ganz analog wie in Kapitel I. Die Zielfunktion

$$Z(\underline{U}_R) = Y(L,T) - 2\underline{U}_R' \underline{\beta} + \underline{U}_R' C \underline{U}_R$$

muss unter Berücksichtigung von linearen oder nichtlinearen Restriktionen minimalisiert werden. Im Unterschied zur bekannten Variationsmethode im Abschnitt (2.2.2), wird <u>eine Lösung der Optimierungsaufgabe möglich sein (wegen der Konvexität von $F(\ell,T)$, obwohl die Zielfunktion keinen expliziten Term in $u_R(t)$ enthält</u> (vergleiche mit der Gleichung 181 für $\lambda = 0$). Statt der Integralgleichung, welche bei der Variationsmethode entsteht, erhält man hier ein lineares Gleichungssystem mit positiv-definiten Matrix C. Wenn die Steuergrösse $u_R(t)$ linearen Restriktionen unterworfen ist, wird die gestellte Optimierungsaufgabe eine <u>quadratische Programmierungsaufgabe</u> sein. Bei der Variationsmethode wird eine nichtlineare Integralgleichung entstehen.

Da die Matrizen C, $\underline{\beta}$ von den Restriktionen über $u_R(t)$ unabhängig sind, ist man manchmal in der Lage, sie analytisch

zu bestimmen. Das nächste Beispiel benützt diese analytische
Lösung für die Optimierung.

2.2.4 <u>EIN BEISPIEL MIT DER WELLENGLEICHUNG</u> [39,53]

Das Beispiel behandelt ein gemischtes System von gewöhnlichen
und partiellen Differentialgleichungen.

1. <u>Die Wellengleichung</u>

$$\frac{\delta 2}{\delta t^2}\, y(x,t) = C^2\, \frac{\delta 2}{\delta x^2}\, y(x,t) \tag{199}$$

<u>Anfangsbedingungen:</u> $\qquad y(x,o) = A \sin \frac{\pi x}{2L}$

$$\frac{\delta}{\delta t}\, y(x,t)\Big|_{t=o} = 0$$

<u>Randbedingungen:</u> $\qquad y(o,t) = o$

$$\frac{\delta}{\delta x}\, y(x,t)\Big|_{x=L} = \frac{1}{E}\, \eta_R(t)$$

2. <u>Die gewöhnliche Differentialgleichung für $\eta_R(t)$</u>

$$\dot{\eta}_R(t) = u(t) \quad ; \quad \eta_R(o) = o$$

$u(t)$ ist die Steuergrösse des Systems.

3. <u>Die quadratische Zielfunktion</u>

$$z(u(t)) = \int_o^L y^2(x,T)dx + q\int_o^T u^2(t)dt \tag{200}$$

$$q > o \quad ; \quad T = \frac{2L}{C}$$

Die Lösung der Wellengleichung (199) mit den gegebenen
Anfangs- und Randbedingungen lautet (Gleichung 192)

$$y(x,T) = y_0(x,T) + \underline{Y}'(x,T)\underline{U}$$

wobei $\quad y_0(x,T) = A \cos\left(\frac{\pi CT}{2L}\right) \cdot \sin\left(\frac{\pi x}{2L}\right)$ $\qquad$ (201)

$$Y_k(x,T) = \frac{2L}{ECN}x - \frac{16L^2}{3EC} \cdot \sum_{n=1}^{\infty} \frac{(-1)^n}{(2n-1)^3} \cdot \sin\frac{2n-1}{2L}x.$$

$$\left[\sin\frac{2n-1}{N}\;k - \sin\frac{2n-1}{N}\;(k-1)\right]$$

$\qquad$ (202)

Die Matrizen $\underline{\beta}(T)$, $F(T)$, C

1. $\quad \underline{\beta}_k(T) = \frac{8AL^3}{CE^3}\left[\frac{\pi}{N} + \sin\frac{\pi}{N}k - \sin\frac{\pi}{N}(k-1)\right]$ $\qquad$ (203)

2. $\quad F(T) = \left[F_{ij}(T)\right]$

$$F_{ij}(T) = \frac{L}{C}\left\{\frac{\pi^4}{24N^2} + \frac{4}{\pi N}\sum_{n-1}^{\infty}\frac{1}{(2n-1)^5}\left[\sin(i\sigma_n)\right.\right.$$

$$- \sin\overline{i-1}\,\sigma_n + \sin j\sigma_n$$

$$\left. - \sin\overline{j-1}\,\sigma_n\right]$$

$$+ \frac{4}{2}\sum_{n-1}^{\infty}\frac{1}{(2n-1)^6}\left\{\left[\sin i\,\sigma_n - \sin i-1\,\sigma_n\right]\right.$$

$$\left.\left.\left[\sin j\sigma_n - \sin\overline{j-1}\,\sigma_n\right]\right\}\right.$$

$$\sigma_n = \frac{2n-1}{N}\pi.$$
$\qquad$ (204)

Die Reihen in (204) konvergieren sehr schnell. Es
genügt manchmal 5 Glieder zu berücksichtigen.

3. $\quad C = \left[C_{ij}\right]$

$$C_{ij} = \begin{cases} F_{ij}(T) & i \neq j \\[2ex] F_{ij}(T) + q \cdot \frac{2L}{NC} & i = j \end{cases}$$
$\qquad$ (205)

Für N=4 erhält man die folgenden numerischen Werte;

$$\underline{\beta}' \begin{bmatrix} 0.67186 & 0.48540 & 0.22171 & 0.03524 \end{bmatrix}$$

$$F(T)= \begin{bmatrix} 0.90845 & 0.65399 & 0.30519 & 0.05073 \\ 0.65399 & 0.47246 & 0.21721 & 0.03567 \\ 0.30519 & 0.21721 & 0.10780 & 0.01982 \\ 0.05073 & 0.03567 & 0.01982 & 0.00476 \end{bmatrix}$$

Für q = 1 erhält man die inverse Matrix

$$C^{-1} = \begin{bmatrix} 1.08427 & -0.65868 & -0.30741 & -0.05036 \\ & 1.51968 & -0.21126 & -0.03291 \\ symmetrisch & & 1.87603 & -0.02782 \\ & & & 1.98963 \end{bmatrix}$$

und die optimale Steuergrösse $\underline{U}^*$

$$\underline{U}^* = \begin{bmatrix} 0.33883 & 0.24712 & 0.10586 & 0.01414 \end{bmatrix}$$

In den Bildern $\begin{bmatrix} 24 \text{ bis } 27 \end{bmatrix}$ sieht man die Steuergrösse $u(t)$
(Bild (24)) für verschiedene Anzahl von Schritten N = 4,10,20,
sowie die optimale Lösung $y(x,t)$ und die Endverteilung $y(x,T)$
für N=20 mit verschiedenen Werten von q = 1,4,9,15 (Bild (26)).
Schliesslich ist der relative Fehler (Bild (27)) dargestellt.
Die Vergleichsbasis ist immer der optimale kontinuierliche
Fehler.

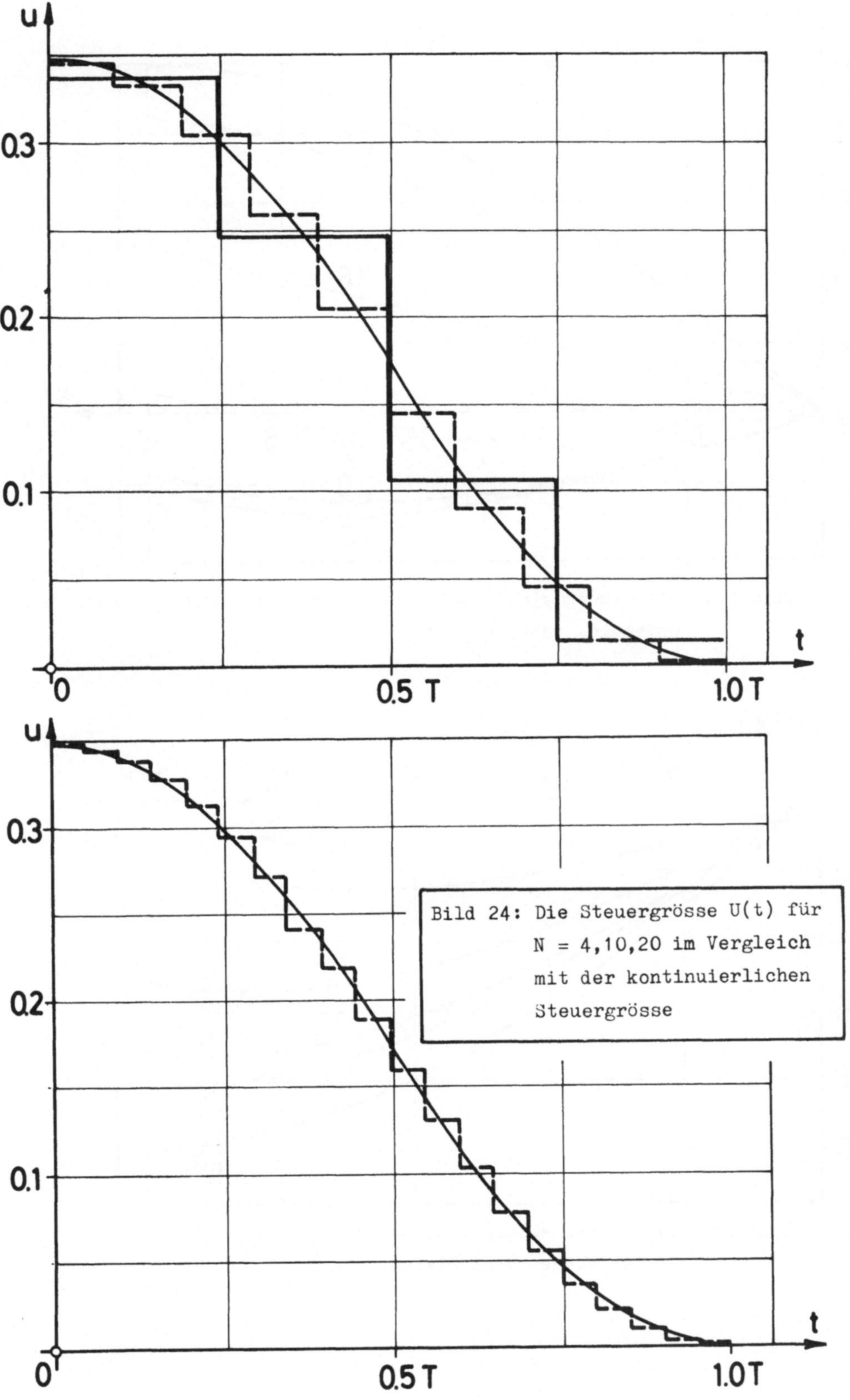

Bild 24: Die Steuergrösse U(t) für N = 4,10,20 im Vergleich mit der kontinuierlichen Steuergrösse

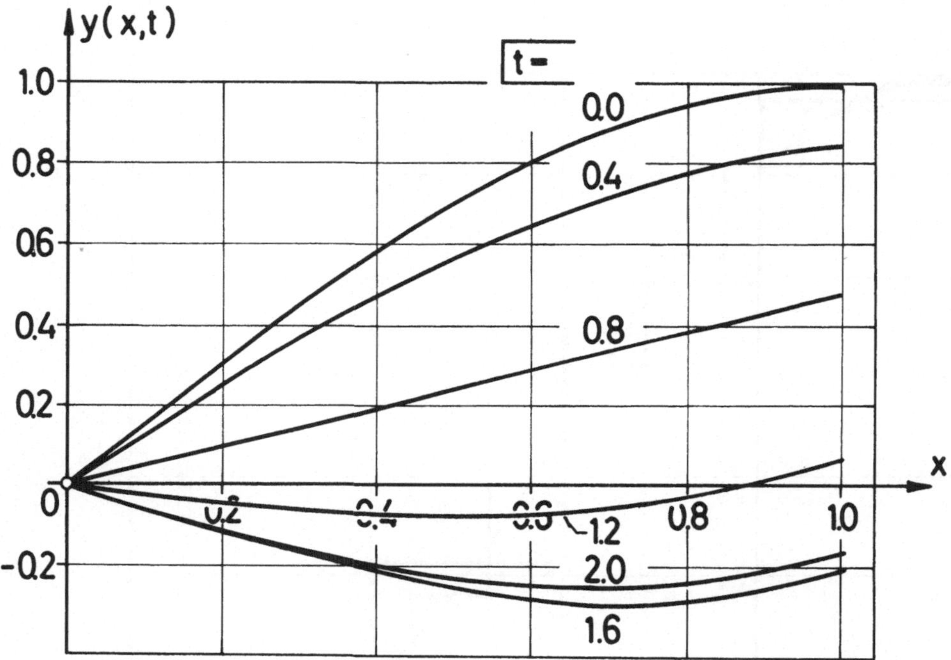

Bild 25: Die Lösung y(x,t) mit t als Parameter für die
optimale Steuerung mit N = 20

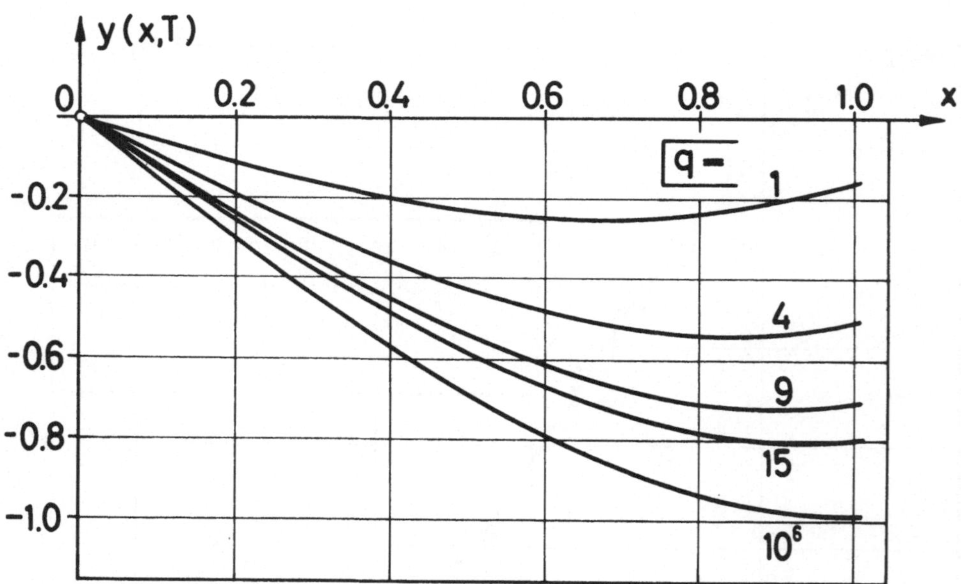

Bild 26: Die Endverteilung y(x,T) für N = 20 mit
verschiedenen Gewichtsfaktoren q.

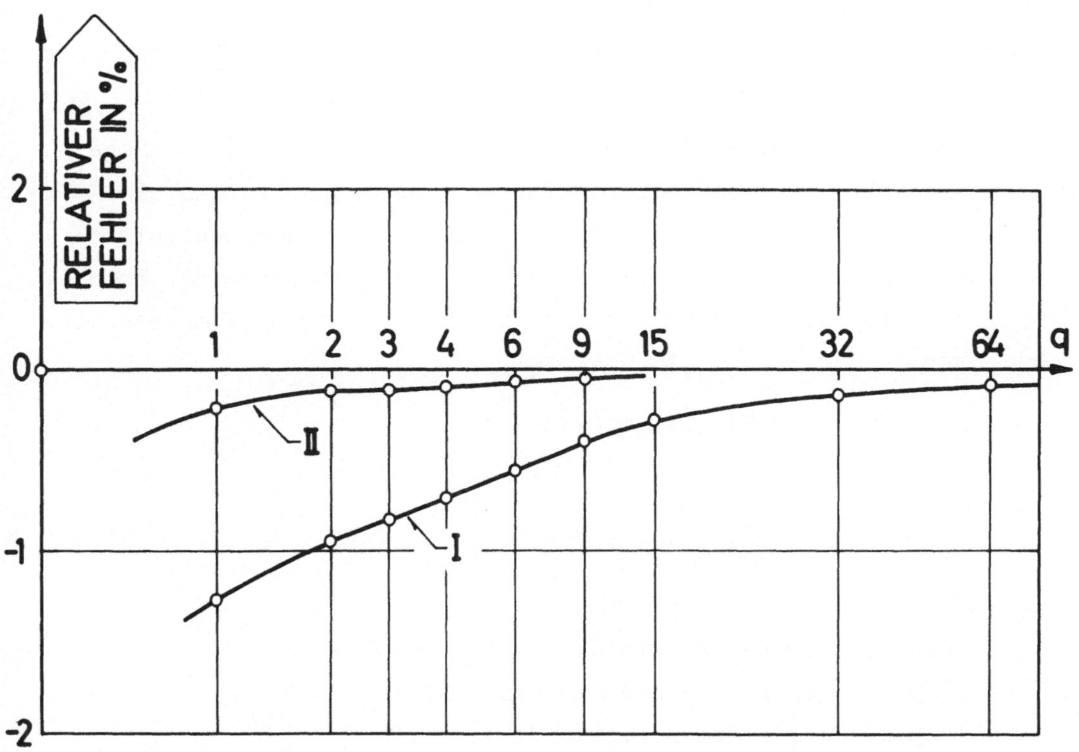

Bild 27:   Der relative Fehler der Kostenfunktion

I.   N = 4

II. N = 10

2.3. <u>DIE OPTIMIERUNG VON GETASTETEN REGELSYSTEMEN</u>
<u>(DIGITALE SYSTEME)</u>

Getastete Regelsysteme entstehen aus kontinuierlichen Regelsystemen, wenn man einen Abtaster (oder mehrere) und ein
Halte-Glied einführt. Sie können aber aus Prozessen entstehen, die nur an festen Zeitpunkten veränderlich sind. Solche
Prozesse werden durch das folgende Gleichungssystem beschrieben.

$$\underline{x}(k+1) = A(k)\ \underline{x}(k) + B(k)\ \underline{u}(k)$$

$$\underline{y}(k) \quad = H(k)\ \underline{x}(k)$$

$$k \qquad = o,1,2,\ \ldots, N-1 \tag{206}$$

wobei

$\underline{x}(k)$ der n-dimensionale Zustandsvektor
$\underline{y}(k)$ der m-dimensionale Messvektor
$\underline{u}(k)$ der r-dimensionale Steuervektor
$A(k)$ die (n,n) Zustandsmatrix
$B(k)$ die (n,r) Steuermatrix
$H(k)$ die (m,n) Messmatrix

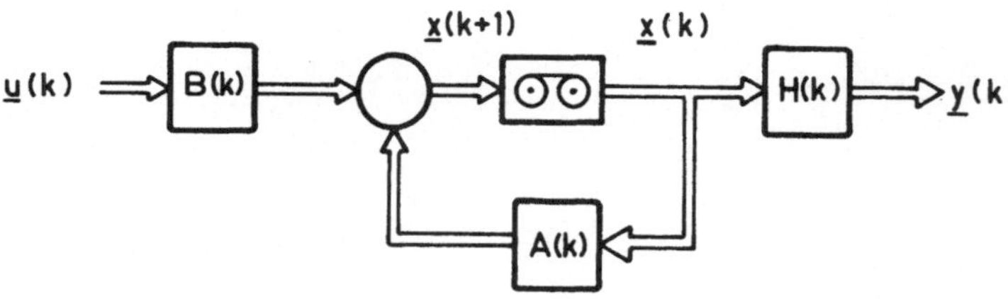

Bild 28.   Ein abgetastetes Regelsystem.

Die bekannte Lösung der Optimierungsaufgabe für das System
(206) mit der quadratischen Zielfunktion

$$Z(\underline{u}(k)) = \sum_{k=1}^{N} \underline{y}'(k).Q(k).\underline{y}(k)+\underline{u}'(k-1).R(k-1)\underline{u}(k-1) \tag{207}$$

$$Q(k) \quad = Q'(k) \geqslant o \qquad k = 1,2, \ldots, N$$

$$R(k-1) \quad = R'(k-1) > o \qquad k = 1,2, \ldots, N$$

ist die lineare Rückführung

$$\underline{u}(k) \quad = M(N-k) \cdot \underline{x}(k) \tag{208}$$

Die Rückführungsmatrix M(N-k) wird aus dem folgenden Algorithmus
bestimmt (A, B, Q, R sind konstante Matrizen):

$$K(o) \quad = o$$

$$S(N-k-1) \quad = Q + K(N-k-1)$$

$$L(N-k-1) \quad = R + B'.S(N-k-1).B$$

$$M(N-k) \quad = - L^{-1}(N-k-1).B'.S(N-k-1).A$$

$$K(N-k) \quad = A'.S(N-k-1). A+B.M(N-k)$$

$$N-k \quad = 1,2, \ldots, N \tag{209}$$

In der Herleitung der linearen Rückführung in (208) muss die
Steuergrösse $\underline{u}(k)$ <u>keinen Restriktionen unterliegen</u>. Die Berechnung der Matrizen M(N-k) erfolgt rückwärts und erfordert
die Existenz der Matrizen $L^{-1}(N-k-1)$. Diese existieren für
R>o. Falls R≯o ist, müssen zusätzliche Bedingungen gegeben
werden, damit sämtliche Matrizen $L^{-1}(N-k-1)$ existieren.

Bei beschränkter Steuergrösse $\underline{u}(k)$ würde in $\begin{bmatrix} 48 \end{bmatrix}$ gezeigt, dass
quadratische Restriktionen in der Form

$$\underline{u}'(k). \gamma(k).\underline{u}(k) \leqslant \sigma_k \quad ; \quad \gamma(k) > o$$

durch die Modifikation der Matrix R(k) und die Einführung von
neuen Variabeln behandelt werden können. Das erfordert aber
die Bestimmung von Lagrange Multiplikatoren λ_i, deren Berechnung nicht angegeben wurde.

2.3.1. DIE FORMULIERUNG DER OPTIMIERUNGSAUFGABE

- Das Regelsystem wird durch das Gleichungssystem (206) beschrieben. Die vollständige Messbarkeit und Steuerbarkeit des Systems wird vorausgesetzt.

- Die Steuervektoren $\underline{u}(k)$ können beschränkt oder unbeschränkt sein. Für betragsbeschränkte Steuervektoren wird die folgende Ungleichung gelten

$$\left|\underline{u}(k)\right| \leqslant \underline{M}$$

$$k = 1,2, \ldots, N$$

- Die Optimierungsaufgabe kann die folgenden Endbedingungen enthalten

$$\underline{y}(N) = o \quad (\text{bzw. } \underline{x}(N) = o)$$

- Die Optimierungsaufgabe lautet:

"Das Minimum der Zielfunktion (207) für das System (206) zu suchen, so dass die Endbedingungen und die Beschränkungen der Steuergrösse $\underline{u}(k)$ (oder der Zustandsgrösse $\underline{x}(k)$) erfüllt werden."

2.3.2. DIE LOESUNG DER ZS-AUFGABE

Die Lösung der Differenzengleichung (206) für den Zustandsvektor $\underline{x}(k)$ lautet

$$\underline{x}(k) = \Phi(k,o)\underline{x}(o) + \sum_{i=o}^{k-1} \Phi(k-1,i)\, B(i)\underline{u}(i)$$

$$k = 1,2, \ldots, N \tag{210}$$

Die Matrix $\Phi(k,i)$ erfüllt die folgende homogene Matrixdifferenzengleichung

$$\Phi(k+1,i) = A(k)\Phi(k,i) \qquad \text{für} \quad k > i$$

$$\Phi(i,i) \quad = I_n \qquad \text{für} \quad k = i \qquad (211)$$

$$\Phi(k,i) \quad = o \qquad \text{für} \quad k < i$$

Man erhält die Lösung für die Matrix $\Phi(k,i)$ durch die Gleichung

$$\Phi(k,i) \quad = \begin{cases} \prod\limits_{j=i+1}^{k} A(j) & \text{für } k > i \\ & \text{für } k=i \\ I_n & \text{für } k < o \\ 0 \end{cases} \qquad (212)$$

Falls die Matrizen $A(k)$ konstant sind, wird die Matrix $\Phi(k,i)$ gleich

$$\Phi(k,i) \quad = \quad A^{k-i} \qquad\qquad k > i \qquad (213)$$

Durch die Einführung des Steuervektors

$$\underline{U} = \begin{bmatrix} \underline{u}'(o) & \underline{u}'(1) & \dots & \underline{u}'(N-1) \end{bmatrix} \qquad (214)$$

wird die Lösung der Differenzengleichung (206) lauten

$$\underline{x}(k) = X_\varepsilon(k,o)\,\underline{x}(o) + X(k,o)\underline{U} \qquad (215)$$

wobei

$$X_\varepsilon(k,i) = \Phi(k,i)$$

$$X(k,i) = \begin{bmatrix} \Phi(k-1,i)B(i) & \Phi(k-1,i+1)B(i+1) \dots \\ \qquad \dots \quad \Phi(k-1,i+N-1)B(N-1) \end{bmatrix}$$

ist. $X(k,i)$ ist eine (n,rN) Matrix. $\qquad\qquad (216)$

Die Lösung für den Ausgangsvektor $\underline{y}(k)$ erhält man aus der Gleichung

$$\underline{y}(k) = Y_\varepsilon(k,o)\underline{x}(o) + Y(k,o)\underline{U} \qquad (217)$$

wobei

$$Y_\varepsilon(k,i) = H(k)X_\varepsilon(k,i)$$

$$Y(k,i) = H(k)X(k,i) \tag{218}$$

ist.Man setzt diese Lösung für $\underline{y}(k)$ in der Zielfunktion $Z(\underline{u}(k))$ (Gleichung 207) ein und erhält die quadratische Form

$$Z(\underline{u}(k)) = Z(\underline{U},\underline{x}(o))$$

$$= \underline{x}'(o).Z(o).\underline{x}(o)$$

$$+ 2\underline{U}'.\beta.\underline{x}(o) + \underline{U}'.\left[Z(Q)+Z(R)\right]\underline{U} \tag{219}$$

wobei:

$$Z(o) = \sum_{k=1}^{N} Y_\varepsilon'(k,o).Q(k).Y_\varepsilon(k,o)$$

(eine (n,n) Matrix)

$$\beta = \sum_{k=1}^{N} Y'(k,o).Q(k).Y_\varepsilon(k,o)$$

(eine (rN,n) Matrix)

$$Z(Q) = \sum_{k=1}^{N} Y'(k,o).Q(k).Y(k,o)$$

$$Z(R) = Diag.(R(o)\ R(1)\ \ldots\ldots\ R(N-1)) \tag{220}$$

ist. Die (rN,rN) Matrizen $Z(Q)$ und $Z(R)$ sind symmetrisch.

a) <u>Die Konvexität der Zielfunktion $Z(U,x(o))$</u>

Die Zielfunktion $Z(\underline{U},\underline{x}(o))$ ist eine quadratische Form in $\underline{U}$ mit der symmetrischen Matrix

$$C = Z(Q) + Z(R) \tag{221}$$

a1) <u>Die starken Bedingungen der Konvexität</u>

"$Z(U,x(o))$ ist für $Q(k)\geqq o$; $R(k)>o$ streng konvex".

Da die Matrix $Z(R)$ blockdiagonal ist mit den positiv-definiten Blockdiagonalen $R(k)$, ist sie positiv definit. Es genügt jetzt zu zeigen, dass $Z(Q)$ positiv semi-definit ist.

Wegen $Q(k) \geq o$ kann man die folgende Zerlegung durchführen

$$Q(k) = Q_1(k).Q_1'(k)$$
$$k = 1,2, \ldots, N$$

$Q_1(k)$ ist eine reelle Dreieckmatrix mit nichtnegativen Diagonalelementen.

$$Z(Q) = \sum_{k=1}^{N} Y'(k_1,o).Q_1(k).Q_1'(k).Y(k,o)$$

$$= \sum_{k=1}^{N} \left[Q_1'(k)Y k,o) \right]' \left[Q_1'(k)Y(k,o) \right]$$

$$= \sum_{k=1}^{N} Z_k'(Q).Z_k(Q) \geq o$$

Der letzte Schritt folgt aus der Tatsache, dass die Matrizen $Z_k'(Q).Z_k(Q)$ stets positiv semi-definit sind.

a2) <u>Die schwachen Bedingungen der Konvexität</u>

1. <u>Die Endwertregelung:</u>

In der Endwertregelung ist $R(k) \equiv o$ und $Q(k) = o$; $k = 1,2, \ldots, N-1$. Die Zielfunktion besteht aus einem Term

$$Z_e = \underline{y}'(N).Q(N).\underline{y}(N) \tag{222}$$
$$Q(N) > o.$$

Die resultierende Matrix $Z(Q)$ wird gleich

$$Z(Q) = Y'(N,o).Q(N).Y(N,o)$$

Die Matrix wird positiv-definit falls

$$m = Nr \qquad \text{und}$$

$$\text{Rang } Y(N,o) = Nr \qquad\qquad (223)$$

ist.

2. **Die Verhaltensregelung**

Hier gilt: $R(k) \equiv o \quad ; \quad Q(k) \geqq o$

Im Abschnitt (a1) wurde gezeigt, dass

$$Z(Q) = \sum_{k=1}^{N} Z_k'(Q) . Z_k(Q)$$

ist. Die (m,rN) Matrix $Z_k(Q)$ kann in der folgenden
Form aufgestellt werden

$$Z_k(Q) = Q_1'(k) . Y(k,o) = \begin{bmatrix} \underline{Z}_1'(k) \\ \underline{Z}_2'(k) \\ \cdot \\ \cdot \\ \cdot \\ \cdot \\ \underline{Z}_m'(k) \end{bmatrix}$$

Die Vektoren $\underline{Z}_1(k), \ldots, \underline{Z}_m(k)$ besitzen die Dimension
rN. Es folgt

$$Z(Q) = \sum_{k=1}^{N} \begin{bmatrix} \underline{Z}_1(k) & \underline{Z}_2(k) & \ldots & \underline{Z}_m(k) \end{bmatrix} \begin{bmatrix} \underline{Z}_1'(k) \\ \underline{Z}_2'(k) \\ \cdot \\ \cdot \\ \cdot \\ \underline{Z}_m'(k) \end{bmatrix}$$

$$= \sum_{k=1}^{N} \sum_{j=1}^{m} \underline{Z}_j(k) . \underline{Z}_j'(k)$$

$$= \sum_{j=1}^{m} \sum_{k=1}^{N} \underline{Z}_j(k) . \underline{Z}_j'(k)$$

Bei festen j kann man von den N Vektoren

$$\underline{Z}_j(k) = \begin{bmatrix} Z(k,1) \\ Z(k,2) \\ \cdot \\ \cdot \\ \cdot \\ Z(k,rN) \end{bmatrix}_j \qquad k = 1,2, \ldots, N$$

die folgenden $\underline{a}_j(\sigma)$ Vektoren

$$\underline{a}_j(\sigma) = \begin{bmatrix} Z(1,\sigma) \\ Z(2,\sigma) \\ \cdot \\ \cdot \\ \cdot \\ Z(N,\sigma) \end{bmatrix} \qquad \sigma = 1,2, \ldots, rN$$

bilden. Mit diesen Vektoren kann man $Z(Q)$ wie folgt
darstellen

$$Z(Q) = \sum_{j=1}^{m} G(\underline{a}_j(1) \; ; \; \underline{a}_j(2) \; ; \; \ldots \; ; \; \underline{a}_j(rN))$$

wobei

$$G_j(\underline{a}_j(1) \; ; \; \ldots \; ; \; \underline{a}_j(rN)) = \left[\underline{a}'_j(m) \cdot \underline{a}(n) \right]$$

$$m,n = 1, \ldots, rN$$

ist. Die Matrix $G_j(\underline{a}_j(1); \ldots, \underline{a}_j(rN))$ ist die
Gram'sche Matrix der Vektoren $\underline{a}_j(\sigma)$ ($\sigma = 1,2,\ldots, rN$).

Sie ist mindestens positiv semi-definit. Sie ist ge-
nau dann positiv definit, wenn die Vektoren $\underline{a}_j(\sigma)$;
$j = 1,2, \ldots, rN$ linearunabhängig sind. Da aber die
Vektoren $\underline{a}_j(\sigma)$ die Dimension N besitzen, werden die
Bedingungen der strengen Konvexität die folgenden
sein

1. $r = 1$ (d.h. es gibt nur eine Steuergrösse $u(k)$)

2.   Es muss mindestens für ein $j(1 < j \leq m)$ gelten,
     dass die Vektoren $\underline{a}_j(\sigma)$ ($\sigma = 1,2,\ldots, N$) linear
     unabhängig sind.

Man bemerkt hier, dass die schwachen Bedingungen der strengen Konvexität bei getasteten Regelsystemen komplizierter sind als bei den kontinuierlichen Systemen. Diese Tatsache folgt direkt aus dem Ausfall des Integralzeichens in der Zielfunktion.

b) Die Lösung für die optimale Steuergrösse $\underline{u}(k)$

1. Der freie Fall

Diesem Fall entspricht (für $R(k) > o$) die Rekursionsformel (209). Den optimalen Steuervektor $\underline{u}^*(k)$ erhält man aus den Komponenten des Vektors

$$\underline{U}^* = - C^{-1} \cdot \beta \cdot \underline{x}(o) \tag{224}$$

Er ist bei jedem Zeitpunkt k linear zum Anfangsvektor $\underline{x}(o)$

$$\underline{u}^*(k) = - M_k \underline{x}(o) \tag{225}$$

wobei

$$C^{-1} \cdot \beta = \begin{bmatrix} M_1 \\ M_2 \\ \cdot \\ \cdot \\ \cdot \\ M_{N-1} \end{bmatrix}$$

ist. Die minimale Zielfunktion $Z(\underline{U}^*, \underline{x}(o))$ wird eine quadratische Form des Anfangsvektors $\underline{x}(o)$ sein.

$$Z(\underline{U}^*, \underline{x}(o)) = \underline{x}'(o) \left[Z(o) - \beta' \cdot C^{-1} \cdot \beta \right] \underline{x}(o) \tag{226}$$

2. Berücksichtigung der Endbedingungen

(Unbeschränkte Steuergrösse)

Die Optimierungsaufgabe lautet:

$$\begin{array}{c} \text{Min } Z(\underline{U},\underline{x}(o)) = \underline{x}'(o).Z(o).\underline{x}(o) \\ \underline{U} \qquad\qquad\qquad + 2\underline{U}'.\beta.\underline{x}(o) + \underline{U}'.C.\underline{U} \end{array}$$

mit den Nebenbedingungen

$$Y_{\varepsilon,i}(N,o).\underline{x}(o) + Y_i(N,o)\underline{U} = o$$

$$i \leqslant m$$

$$Y_{\varepsilon,i} \quad ; \quad Y_i \text{ sind die i-ten Zeilen der Matrizen}$$

$$Y_\varepsilon(N,o) \quad ; \quad Y(N,o).$$

Man setzt diese Zeilen zusammen in den Matrizen $Y_{\varepsilon,a}$; Y_a ($1 \leqslant a \leqslant m$) und berechnet $\underline{U}^*$ aus dem Gleichungssystem.

$$\begin{bmatrix} C & Y_a' \\ Y_a & 0 \end{bmatrix} \cdot \begin{bmatrix} \underline{U}^* \\ \underline{\lambda} \end{bmatrix} = - \begin{bmatrix} \beta \\ Y_{\varepsilon,a} \end{bmatrix} \cdot \underline{x}(o) \qquad (227)$$

$\underline{\lambda}$ ist der Langrange Multiplikator. Die Lösung von Gleichung (227) ist für $Nr > a$ garantiert, weil die Matrix Y_a – für linear unabhängige Messgrössen – den Rang a besitzt. Die Lösung für $\underline{U}^*$ lautet (vergleiche mit Abschnitt (1.3.b.2))

$$\underline{U}^* = - C^{-1}\beta + Y_a\; \Gamma \cdot \underline{x}(o) \qquad (228)$$

$$\Gamma = (Y_a' \cdot C^{-1}.Y_a)^{-1} \cdot (Y_{\varepsilon,a} - Y_a C^{-1}\beta)$$

(Die Matrix $Y_a'.C^{-1}.Y_a$ ist positiv-definit.)

Der optimale Steuervektor $\underline{U}^*$ bleibt <u>linear zum Anfangsvektor $\underline{x}(o)$</u>.

3. <u>Berücksichtigung von betragsbeschränkter Steuergrösse $\underline{u}(k)$ (oder Zustandsgrösse $\underline{x}(k)$)</u>

Durch die Berücksichtigung von Betragsbeschränkungen
der Steuergrösse $\underline{u}(k)$ erhält man die folgende <u>quadra-
tische Programmierungsaufgabe:</u>

$$\text{Min } Z(\underline{U},\underline{x}(o)) = \underline{x}'(o).Z(o).\underline{x}(o)$$
$$+ 2\underline{U}'.\beta.\underline{x}(o) + \underline{U}'.C.\underline{U}$$

mit den Nebenbedingungen

a) $X_{\varepsilon,i}(N,o).\underline{x}(o) + X_i(N,o)\underline{U} = 0$

$\qquad 1 \leqslant i \leqslant m$

b) $\qquad |\underline{U}| \leqslant \underline{M}$ $\qquad\qquad\qquad$ (229)

<u>Die Matrix C kann positiv definit oder semi definit
sein.</u>

In der Arbeit von G. Deley und G. Franklin $[13]$ wurde
die Optimierung eines Systems zweiter Ordnung mit beschränkter Steuergrösse durchgeführt. Die Lösung basiert
auf die Unterteilung der Phasenebene in Regionen mit
verschiedenen Rückführungskoeffizienten. Diese Regionen sind durch die Sättigung der Steuergrösse u(k) bestimmt. Die Bestimmung dieser Regionen ist aber sehr
aufwendig, so dass diese Methode für Systeme höherer
Ordnung nicht geeignet ist. Auch für ein System zweiter
Ordnung ist die Lösung durch das quadratische Programm
(229) einfacher. Falls nichtlineare Restriktionen vorhanden sind, wird die Lösung durch ein nichtlineares
Programm erreicht.

2.3.3. <u>DIE LOESUNG DER ZR-OPTIMIERUNGSAUFGABE</u>

Der Uebergang von der Zustandssteuerung zur Zustandsregelung
(ZR-Aufgabe) geht analog zum Abschnitt (1.4) vor. Wir werden
hier deshalb nur das <u>quadratische Rückführungsprogramm</u> an-
geben.

$$\begin{aligned}
\underset{\underline{U}(k)}{\text{Min}} \quad & Z_k(\underline{U}(k),\underline{x}(k)) \\[2mm]
= \ & \gamma(\underline{x}(k)) + 2\underline{U}'(k)\cdot\beta_k\cdot\underline{x}(k) \\[2mm]
& + \underline{U}'(k)\cdot C_k\cdot\underline{U}(k)
\end{aligned}$$

$$k = 0,1,2, \ldots, N-1$$

mit den Bedingungen

$$\text{a)} \quad Y_{\varepsilon,i}(N,k)\underline{x}(k) + Y_i(N,k)\underline{U}(k) = 0$$

$$o \leqslant i \leqslant m$$

$$\text{b)} \quad |\underline{U}(k)| \leqslant \underline{M} \tag{230}$$

wobei

$$\underline{x}(k) \quad = \quad \text{der Zustandsvektor bei } k$$

$$\underline{U}'(k) \quad = \quad \left[\underline{u}'(k) \quad \underline{u}'(k+1) \ldots \underline{u}'(N-1)\right]$$

$Y_{\varepsilon,i}(N,k)$ ist die i-te Zeile der Matrix $Y(N,k)$
                            (Gleichung (216) und (218))

$Y_i(N,k)$ ist die i-te Zeile der Matrix $Y(N,k)$ (Gleichung
                            (216) und (218))

$\beta_k; \ C_k$ sind im Abschnitt (1.5) beschrieben und im
                            Bild (4) gezeigt.

Ohne Nebenbedingungen reduziert sich das quadratische Programm auf das Gleichungssystem

$$C_k \cdot \underline{U}^*(k) = -\beta_k \underline{x}(k)$$

$$C_k > o \qquad\qquad\qquad (231)$$

mit der Lösung

$$\underline{u}(k) = - M_k \underline{x}(k) \qquad\qquad\qquad (232)$$

(M_k ist die (r,n) Untermatrix von $C_k^{-1} \cdot \beta_k$ bestehend aus der ersten r Zeile)

Die Rückführung ist <u>linear</u> mit den Rückführungsmatrizen M_k. Die Rückführung bleibt auch linear, falls Endbedingungen vorhanden sind.

Falls nichtlineare (konvexe) Restriktionen vorhanden sind, so werden wir ein nichtlineares (konvexes) Programm erhalten. Auf diese Weise kann man auch das <u>Trackingproblem für getasteten Regelsystemen</u> mit beschränkten Steuergrössen lösen. Die Lösung wird analog zum Abschnitt (1.6) verlaufen.

3. OPTIMIERUNG UNTER DEM EINFLUSS VON RAUSCHEN

In den vorhergehenden Kapiteln wurde stillschweigend angenommen, dass das lineare Regelsystem nicht unter dem Einfluss von Rauschen steht. Dies bedeutet, dass die Messungen des Zustandsvektors genau durchgeführt werden können und dass keine Rauschquelle innerhalb des Systems oder am Eingang wirken. In vielen praktischen Fällen sind diese Voraussetzungen nicht zutreffend.

Wie aus den vorhergehenden Kapiteln ersichtlich ist, lassen sich die verschiedenen Arten von linearen Regelsystemen mit der vorgeschlagenen Rückführungsmethode behandeln. Wir beschränken uns deshalb auf die Optimierung von kontinuierlichen Regelsystemen unter dem Einfluss von Rauschen. Die Optimierung für die übrigen Arten von linearen Regelsystemen kann ganz analog zum kontinuierlichen System erfolgen.

3.1. DIE OPTIMIERUNG MIT EINGANGSRAUSCHEN

Das lineare, kontinuierliche Regelsystem ist durch das folgende Gleichungssystem beschrieben

$$\dot{\underline{x}}(t) = A(t)\underline{x}(t) + B(t)\underline{u}(t) + \underline{W}(t)$$

$$\underline{y}(t) = H(t)\underline{x}(t) \tag{233}$$

wobei $\underline{W}(t)$ die stochastische Störgrösse ist, welche am Eingang des Systems wirkt.

Der Erwartungswert $\underline{\mu}(t)$ von $\underline{W}(t)$

$$E\left\{\underline{W}(t)\right\} = \underline{\mu}(t) \tag{234}$$

wird im Intervall $\left[o,T\right]$ als <u>bekannt</u> vorausgesetzt. Ferner wird angenommen, dass der Zustandsvektor $\underline{x}(t)$ genau (d.h. rauschenfrei) messbar ist. Ausser diesen Annahmen, sollte das System in Gl(233) die gleichen Bedingungen wie in Abschnitt (1.1.b) erfüllen.

Weil das System in Gleichung (233) unter dem Einfluss des Eingangsrauschens $\underline{W}(t)$ steht, wird die Zustandsgrösse $\underline{x}(t)$ sowie die Ausgangsgrösse $\underline{y}(t)$ stochastisch sein. Demzufolge wird die quadratische Zielfunktion $Z(\underline{u}(t))$, wie sie in Kapitel 1 definiert ist, eine stochastische Grösse sein, die einen Erwartungswert und Streuung besitzt. Man wird deshalb statt $Z(\underline{u}(t))$ den Erwartungswet $E\left\{Z(\underline{u}(t))\right\}$ durch die Wahl von $\underline{u}(t)$ minimalisieren. Das geschieht auch für die Endbedingungen $y_k(T) = o, (1 \leqslant k \leqslant m)$, welche durch die Erwartungswerte ersetzt werden. Die resultierende Optimierungsaufgabe lautet:

$$\begin{aligned}
\min_{\underline{u}(t)} \quad & E\left\{Z(\underline{u}(t))\right\} \\
& = E\left\{\underline{y}'(t).S.\underline{y}(t) \right. \\
& \qquad \left. + \int_o^T (\underline{y}'(t).Q(t).\underline{y}(t) + \underline{u}'(t).R(t).\underline{u}(t))dt\right\}
\end{aligned}$$

für das System (233) mit den Nebenbedingungen

$$\begin{aligned}
&1. \quad E\left\{y_k(T)\right\} = o \qquad 1 \leq k < m \\
&2. \quad \left|\underline{u}(t)\right| \leqslant \underline{M} \tag{235}
\end{aligned}$$

Wir bemerken hier, dass in dieser Formulierung der Optimierungsaufgabe die Streuung von $Z(\underline{u}(t))$ oder $y_k(T)$ nicht explizit in der Zielfunktion auftritt.

3.1.1. DIE LOESUNG DER OPTIMIERUNGSAUFGABE MIT EINGANGSRAUSCHEN

Die Lösung für den Zustandsvektor $\underline{x}(t)$ mit dem stufenförmigen Steuervektor $\underline{u}(t)$ lautet

$$\underline{x}(t) = \Phi(t,t_o)\underline{x}(t_o) + \int_{t_o}^{t} \Phi(t,\lambda)\ (\lambda)V(\lambda)d\lambda.\underline{U}$$

$$+ \int_{t_o}^{t} \Phi(t,\lambda)\underline{W}(\lambda)d\lambda \qquad (236)$$

Den Ausgangsvektor $\underline{y}(t)$ erhält man aus der Gleichung

$$\underline{y}(t) = Y_{\varepsilon}(t,t_o)\underline{x}(t_o) + Y(t,t_o)\underline{U} + \underline{\eta}(t)$$

wobei

$$\underline{\eta}(t) = H(t) \int_{t_o}^{t} \Phi(t,\lambda)\underline{W}(\lambda)d\lambda \qquad (237)$$

ist und die Matrizen $Y_{\varepsilon}(t,t_o)$ und $Y(t,t_o)$ durch die Gleichung (43) definiert sind.

Man setzt die Lösung von $\underline{y}(t)$ in der Zielfunktion (Gl. 235) und erhält nach der Umformung

$$E\left\{Z(\underline{u}(t))\right\} = E\left\{Z(\underline{U},\underline{x}(t_o), \underline{\eta})\right\}$$

$$= E\left\{Z(o,\underline{\eta})+2\underline{U}'\left[\beta\,\underline{x}(t_o) + \underline{\beta}(\underline{\eta})\right]\right.$$

$$\left. + \underline{U}'\left[Z(S) + Z(Q) + Z(R)\right]\underline{U}'\right\}$$

$$= E\left\{Z(o,\underline{\eta})\right\} + 2\underline{U}'\left[\beta\,\underline{x}(t_o) + E\left\{\underline{\beta}(\underline{\eta})\right\}\right]$$

$$+ \underline{U}'.C.\underline{U} \qquad (238)$$

wobei

$Z(o,\underline{\eta})$ ist ein von $\underline{U}$ unabhängiger Term

$$\underline{\beta}(\underline{\eta}) = Y'(T,t_o)S\underline{\eta}(T) + \int_{o}^{T} Y'(t,t_o)Q(t)\underline{\eta}(t)dt \qquad (239)$$

Die Matrizen β und C sind genau gleich wie in den Gleichungen (46, 47, 48, 49, 50). Für die Berechnung von $E\left\{\underline{\beta}(\underline{\eta})\right\}$ in Gleichung (238) benützt man die folgende Relation

$$E\left\{\underline{\eta}(t)\right\} = H(t)E\left\{\int_0^t \Phi(t,\lambda)\underline{W}(\lambda)d\lambda\right\}$$

$$= H(t)\int_0^t E\left\{\Phi(t,\lambda)\underline{W}(\lambda)d\lambda\right\}$$

$$= H(t)\int_0^t \Phi(t,\lambda) \; E\left\{\underline{W}(\lambda)\right\} \, d\lambda$$

$$= H(t)\int_0^t \Phi(t,\lambda) \; \underline{\mu}(\lambda) \, d\lambda \tag{240}$$

Damit gilt

$$E\left\{\underline{\beta}(\underline{\eta})\right\} = Y'(T,t_0).S.H(T). \int_{t_0}^T \Phi(T,\lambda)\underline{\mu}(\lambda)d\lambda$$

$$+ \int_{t_0}^T Y'(t,t_0).Q(t).H(t). \int_{t_0}^t \Phi(t,\lambda)\underline{\mu}(\lambda)d\lambda dt \tag{241}$$

Die Optimierungsaufgabe (235) reduziert sich auf die folgende Aufgabe

$$\underset{\underline{U}}{\text{Min}} \; Z(\underline{U},\underline{x}(t_0),\underline{\eta}) = 2\underline{U}' \, \beta\underline{x}(t_0) + E\left\{\underline{\beta}(\underline{\eta})\right\} + \underline{U}'C \, \underline{U}$$

$$C > 0 \tag{242}$$

mit den Bedingungen:

1. $\quad Y_{\varepsilon,i}(T,t_0)\underline{x}(t_0) + Y_i(T,t_0)\underline{U} + E\left\{\eta_i(T)\right\} = 0$

$$1 \leqslant i \leqslant m$$

2. $\quad \left|\underline{U}\right| \leqslant \underline{M}$

Weil $\underline{\mu}(t)$ über das ganze Intervall $\left[o,T\right]$ als bekannt vorausgesetzt ist, kann man die Korrekturfaktoren $E\{\underline{\beta}(\underline{\eta})\}$ und $E\{\eta_i(T)\}$ im voraus berechnen. Man bemerkt hier die Aehnlichkeit mit dem "Tracking Problem" in Abschnitt (1.6). Speziell wenn $\underline{\mu}(t) \equiv o$ ist, wird die Optimierung von $E\{Z(\underline{u}(t))\}$ mit dem deterministischen Fall im ersten Kapitel identisch sein, weil

$$E\{\underline{\beta}(\underline{\eta})\} = E\{\underline{\eta}(T)\} = o$$

ist.

Die Lösung durch Ausgangssteuerung (AS-Aufgabe) bietet meistens keine wirksame Unterdrückung von Rauscheneinfluss, weil die Kenntnis von $\underline{\mu}(t)$ oft fehlerhaft ist. Es empfiehlt sich daher, das folgende Rückführungsprogramm zu verwenden:

$$\min_{\underline{U}(k)} \quad E\{Z(\underline{U})(k))\} = 2\underline{U}'(k).\left[\beta_k.\underline{x}(k-1) + E\{\underline{\beta}_k(\underline{\eta})\}\right]$$
$$+ \underline{U}'(k).C_k.\underline{U}(k)$$

mit

1. $\quad Y_{\varepsilon,i}(T,t_{k-1}).\underline{x}(k-1) + Y_i(T,t_{k-1})\underline{U}(k) + E\{\eta_{i,k}(T)\} = o$

2. $\quad |\underline{U}(k)| \leqslant M$ $\qquad\qquad\qquad\qquad\qquad$ (243)

wobei

a) Die Matrizen β_k, C_k, $Y_{\varepsilon,i}(T,t_{k-1})$, $Y_i(T,t_{k-1})$ sowie $\underline{U}(k)$ sind durch die Gleichungen (86), (89) beschrieben

b) $\quad E\{\eta_{i,k}(T)\} = H(t)\displaystyle\int_{t_{k-1}}^{T} \Phi(T,\lambda)\,\mu_i(\lambda)\,d\lambda$

c) $\quad E\{\underline{\beta}_k(\underline{\eta})\} = Y'(T,t_{k-1}).S.H(T)\displaystyle\int_{t_{k-1}}^{T} \Phi(T,\lambda)\underline{\mu}(\lambda)d\lambda$

$$+ \int_{t_{k-1}}^{T} Y'(t,t_{k-1}).Q(t).H(t)\int_{t_{k-1}}^{T}\Phi(t,\lambda)\underline{\mu}(\lambda)d\lambda dt$$

$$\text{(244)}$$

Wiederum reduziert sich das obige Programm bei $\underline{\mu}(t) \equiv o$ auf
das deterministische Programm in Gl(94). Dies bedeutet, dass
das deterministische Rückführungsprogramm (Gl.94) für Regelsysteme, deren Eingangsrauschen durch $\underline{\mu}(t) = o$ charakterisiert
ist, optimal ist. Während dem Intervall $\left[t_{k-1}, t_k\right]$ wird das
Eingangsrauschen die optimale Zustandstrajektorie beeinflus-
sen und kann nicht unterdrückt werden, weil $\underline{u}(t)$ schon bei
$t = t_{k-1}$ bestimmt ist und im Intervall $\left[t_{k-1}, t_k\right]$ konstant
bleibt. Bei $t = t_k$ wird aber der resultierende Fehler bei der
Messung von $\underline{x}(k)$ festgestellt. Der Algorithmus wird die Wir-
kung dieses Fehlers in der restlichen Steuerungszeit minimalisieren, indem er eine neue Zustandsregelung mit dem gemes-
senen $\underline{x}(k)$ durchführt. Es empfiehlt sich daher, die Anzahl
der Steuerungsintervalle beim gestörten System zu erhöhen.
Man kann auch mit überlagerter Steuerung arbeiten, indem eine
grobe Intervallsunterteilung durchgeführt wird, die von einer
feinen Intervallsunterteilung überlagert ist. Für die feine
Intervallsunterteilung benützt man eine zusätzliche Steuergrösse, die dazu dient, den Einfluss des Eingangsrauschens
laufend zu kompensieren. Freilich müssen für diese Steuergrösse neue Matrizen (wie z.B. C, β) berechnet werden. Als
Zielfunktion für diese zusätzliche Steuergrösse könnte
die folgende Zielfunktion

$$\underset{\underline{u}_f(t)}{\text{Min}} \quad \int_0^T \underline{u}_f'(t) \cdot \underline{u}_f(t) dt \tag{245}$$

nützlich sein.

3.2. DIE OPTIMALE ZUSTANDSREGELUNG MIT FEHLERBEHAFTETER ZUSTANDS-MESSUNG (RAUSCHEN BEI DER ZUSTANDSMESSUNG)

Die Bestimmung der optimalen Algorithmen für die Steuerung oder für die Regelung der Regelstrecke setzt voraus, dass der Zustandsvektor $\underline{x}(k)$ genau gemessen werden kann. Wenn das der Fall ist, kann man den optimalen Steuervektor $\underline{U}_o$ unter Berücksichtigung der Nebenbedingungen genau bestimmen. Der Wert der zugehörigen Zielfunktion ist

$$Z(\underline{U}_o) = Z(\underline{x}(o)) + 2\,\underline{U}_o'\cdot\beta\cdot\underline{x}(o) + \underline{U}_o'\,C\underline{U}_o \qquad (246)$$

Wenn die Messung des Zustandsvektors $\underline{x}(o)$ fehlerhaft ist, wird man nach einem geeigneten Algorithmus einen Wert $\hat{\underline{U}}$ als Steuergrösse verwenden. Der Wert der Zielfunktion mit $\hat{\underline{U}}$ als Steuergrösse ist

$$Z(\hat{\underline{U}}) = Z(x(o)) + 2\,\hat{\underline{U}}'\cdot\beta\cdot\underline{x}(o) + \hat{\underline{U}}'\cdot C\cdot\hat{\underline{U}} \qquad (247)$$

$$(\hat{\underline{U}} \text{ und } Z(\hat{\underline{U}}) \text{ sind stochastische Grössen})$$

Offensichtlich wird immer die folgende Ungleichung

$$Z(\hat{\underline{U}}) \geqslant Z(\underline{U}_o) \qquad (248)$$

gelten. Die zusätzlichen "Kosten" wegen der Unkenntnis von $\underline{x}(o)$

$$F(\hat{\underline{U}},\underline{x}(o)) = Z(\hat{\underline{U}}) - Z(\underline{U}_o) \geqslant o \qquad (249)$$

können als Kriterien für die Bestimmung von $\hat{\underline{U}}$ verwendet werden. Wir werden daher die Zielfunktion

$$\operatorname*{Min}_{\hat{\underline{U}}}\ E\left\{F(\hat{\underline{U}},\underline{x}(o))\right\} \qquad (250)$$

als Kriterien für die Wahl von $\hat{\underline{U}}$ benützen. Die Steuergrösse $\hat{\underline{U}}$ soll nach einem geeigneten Algorithmus gewählt werden, so dass $E\left\{F(\hat{\underline{U}},\underline{x}(o))\right\}$ minimal wird ohne die Nebenbedingungen (wie z.B. $|\hat{\underline{U}}| \leqslant \underline{M}$) zu verletzen. Diese optimale Steuergrösse wird mit $\underline{U}_0$ bezeichnet. Wir haben jetzt die folgende Optimierungsaufgabe:

$$\operatorname*{Min}_{\hat{\underline{U}}} \quad E\left\{ Z(\hat{\underline{U}}) - Z(\underline{U}_0) \right\} \geqslant 0$$

mit den Nebenbedingungen

a) $\quad E\left\{ \underline{x}(T) \right\} = 0$

b) $\quad |\hat{\underline{U}}| \leqslant \underline{I}$ \hfill (251)

Die optimale Steuergrösse $\underline{U}_0$ (die man wegen des Rauschens nicht erreichen kann) wird aus dem quadratischen Programm

$$\operatorname*{Min}_{\underline{U}} \quad Z(\underline{U}) = Z(\underline{x},o)) + 2\,\underline{U}'.\boldsymbol{\beta}.\underline{x}(o) + \underline{U}'.C.\underline{U}$$
$$c > 0$$

a) $\quad X_{\varepsilon}(T,t_0)\underline{x}(o) + X(T,t_0)\underline{U} = 0$

b) $\quad |\underline{U}| \leqslant \underline{I}$ \hfill (252)

gerechnet. Dieses Programm kann in der folgenden Form geschrieben werden:

$$\operatorname*{Min}_{\underline{U}} \quad Z(\underline{U}) = Z(\underline{x}(o)) + 2\,\underline{U}'\boldsymbol{\beta}.\underline{x}(o) + \underline{U}'.C\underline{U}$$
$$C > 0$$

mit

$$\underline{b} - P\underline{U} \geqslant 0 \quad ; \quad \underline{U} \text{ frei,} \hfill (253)$$

wobei

$$\underline{b} = \begin{bmatrix} X_{\varepsilon}(T,t_0)\underline{x}(o) \\ -X_{\varepsilon}(T,t_0)\underline{x}(o) \\ \underline{e}_N \end{bmatrix}$$

$$\underline{e}_N' = \begin{bmatrix} 1\ 1\ \ldots\ldots 1 \end{bmatrix}_{2Nr}$$

$$P = \begin{bmatrix} - X(T,t_o) \\ X(T,t_o) \\ - \quad I_{Nr} \\ I_{Nr} \end{bmatrix} \qquad (254)$$

Der optimale Steuervektor $\underline{U}_o$ muss die folgenden notwendigen und hinreichenden Bedingungen von "Kuhn-Tucker" erfüllen (falls $\underline{\lambda}_o$ existiert)

1. $\quad \underline{g}_o = \underline{b} - P\,\underline{U}_o \geq o$

2. $\quad \underline{\lambda}_o \geq o$

3. $\quad 2\boldsymbol{\beta}\underline{x}(o) + 2\,C\underline{U}_o + P'.\underline{\lambda}_o = o$

4. $\quad \underline{\lambda}_o' \cdot \underline{g}_o = o \qquad\qquad (255)$

Aus diesen "Kuhn-Tucker" Bedingungen erhält man (falls $\underline{\lambda}_o$ existiert)

$$2\boldsymbol{\beta}\underline{x}(o) = - (2\,C\underline{U}_o + P'.\underline{\lambda}_o) \qquad (256)$$

Man verwendet diese Relation in der Umformung der Funktion (249) und erhält (zusammen mit Gl.(246) und Gl.(247))

$$\begin{aligned}
F(\hat{\underline{U}},\underline{x}(o)) &= Z(\hat{\underline{U}}) - Z(\underline{U}_o) \\
&= \hat{\underline{U}}'.C.\hat{\underline{U}} - 2\,\hat{\underline{U}}'.C.\underline{U}_o + \underline{U}_o'.C.\underline{U}_o \\
&\quad - \hat{\underline{U}}'.P'.\underline{\lambda}_o + \underline{U}_o'.P'.\underline{\lambda}_o \\
&= (\hat{\underline{U}} - \underline{U}_o)'.C.(\hat{\underline{U}} - \underline{U}_o) \\
&\quad + \underline{\lambda}_o'.P.(\underline{U}_o - \hat{\underline{U}})
\end{aligned} \qquad (257)$$

Damit erreicht man die folgende Form der Optimierungsaufgabe:

$$\operatorname*{Min}_{\hat{\underline{U}}} \quad E\left\{ (\hat{\underline{U}}-\underline{U}_o)' . C . (\hat{\underline{U}}-\underline{U}_o) + \underline{\lambda}_o' . \underline{P}(\underline{U}_o-\hat{\underline{U}}) \right\}$$

$$C = C_1' . C_1 > o$$

$$(C_1 \text{ ist eine obere Dreieckmatrix})$$

mit den Nebenbedingungen

$$1. \quad E\left\{ X_{\varepsilon}(T,t_o)\underline{x}(t_o) + X(T,t_o)\hat{\underline{U}} \right\} = o$$

$$2. \quad \underline{e}_N - \begin{bmatrix} - I_{N\mathbf{r}} \\ I_{N\mathbf{r}} \end{bmatrix} \hat{\underline{U}} \geq o \qquad\qquad (258)$$

3.2.1. <u>DIE EIGENSCHAFT DES OPTIMALEN VEKTORS $\hat{\underline{U}}_o$</u>

Für die Lösung der Optimierungsaufgabe (258) muss man einen
Algorithmus finden, der den optimalen $\hat{\underline{U}}_o$ bestimmt. Die Eigen-
schaften des Vektors $\hat{\underline{U}}_o$ werden durch das folgende Lemma gegeben;

<u>Lemma:</u>

<u>"Der optimale Steuervektor $\hat{\underline{U}}_o$ für die Optimierungsaufgabe in
(258) wird erreicht, wenn $C_1\hat{\underline{U}}_o$ eine erwartungstreue Abschätzung
minimaler Varianz des Vektors $C_1\underline{U}_o$ ist."</u> *)

Für den Beweis dieses Lemmas werden die folgenden Relationen
gebraucht:

---

*) Man kann hier nicht $\hat{\underline{U}}$ statt $C_1\hat{\underline{U}}$ verwenden, ohne auf die
Eigenschaften des Rauschens einzugehen.

1. $E\left\{\left[\hat{\underline{U}}-\underline{U}_o\right]' \cdot C \cdot \left[\hat{\underline{U}}-\underline{U}_o\right]\right\}$

$$= \text{Spur}\left\{\text{Cov.}(C_1\hat{\underline{U}}) + C_1(E\{\hat{\underline{U}}\}-\underline{U}_o)\cdot(E\{\hat{\underline{U}}\}-\underline{U}_o)C_1'\right\} \tag{259}$$

2. $E\left\{\underline{\lambda}_o' \cdot P(\underline{U}_o-\hat{\underline{U}})\right\}$

$$= \underline{\lambda}_o' \cdot P(\underline{U}_o-E\{\hat{\underline{U}}\}) \geq 0 \tag{260}$$

Wir bestätigen zuerst diese beiden Relationen:

1. $E\left\{\left[\hat{\underline{U}}-\underline{U}_o\right]' \cdot C \cdot \left[\hat{\underline{U}}-\underline{U}_o\right]\right\}$

$$= E\left\{\left[\hat{\underline{U}}-\underline{U}_o\right]' \cdot C_1' \, C_1 \left[\hat{\underline{U}}-\underline{U}_o\right]\right\}$$

$$= \text{Spur}\left[E\left\{C_1\left[\hat{\underline{U}}-\underline{U}_o\right]\cdot\left[\hat{\underline{U}}-\underline{U}_o\right]' C_1'\right\}\right]$$

$$= \text{Spur}\left[C_1 \cdot E\left\{(\hat{\underline{U}}-\underline{U}_o)(\hat{\underline{U}}-\underline{U}_o)'\right\}\cdot C_1'\right] \tag{261}$$

Die Matrix $E\left\{(\hat{\underline{U}}-\underline{U}_o)(\hat{\underline{U}}-\underline{U}_o)'\right\}$ ist die zweite Momentmatrix der Abschätzung $\underline{U}$ bezüglich $\underline{U}_o$.

Es gilt

$$E\left\{(\hat{\underline{U}}-\underline{U}_o)(\hat{\underline{U}}-\underline{U}_o)'\right\} = E\left\{\hat{\underline{U}}\,\hat{\underline{U}}'\right\} - \underline{U}_o \cdot E\left\{\hat{\underline{U}}'\right\} + \underline{U}_o \cdot \underline{U}_o$$

$$- E\left\{\hat{\underline{U}}\right\} \cdot \underline{U}_o'$$

Durch Berücksichtigung der Relation

$$E\left\{\hat{\underline{U}}\cdot\hat{\underline{U}}'\right\} = \text{Cov.}(\hat{\underline{U}}) + E\left\{\hat{\underline{U}}\right\} \cdot E\left\{\hat{\underline{U}}'\right\} \tag{262}$$

wobei

$$\text{Cov.}(\hat{\underline{U}}) = E\left\{(\hat{\underline{U}}-E\{\hat{\underline{U}}\}) \cdot (\hat{\underline{U}}-E\{\hat{\underline{U}}\})'\right\} \tag{263}$$

ist, erhält man

$$E\left\{(\hat{\underline{U}}-\underline{U}_0)(\hat{\underline{U}}-\underline{U}_0)'\right\} = \text{Cov.}(\hat{\underline{U}}) + \left[E\left\{\hat{\underline{U}}\right\} - \underline{U}_0\right]\left[E\left\{\hat{\underline{U}}\right\} - \underline{U}_0\right]'$$

$$(264)$$

Es folgt daher

$$E\left\{(\hat{\underline{U}}-\underline{U}_0)'\cdot C(\hat{\underline{U}}-\underline{U}_0)\right\} = \text{Spur}\left[C_1\left[\text{Cov.}(\hat{\underline{U}}) + \right.\right.$$

$$\left.\left[E\left\{\hat{\underline{U}}\right\}-\underline{U}_0\right]\left[E\left\{\hat{\underline{U}}\right\}-\underline{U}_0\right]'\, C_1'\right]$$

$$= \text{Spur}\left\{\text{Cov.}(C_1\hat{\underline{U}}) + \right.$$

$$\left. C_1(E\left\{\hat{\underline{U}}\right\}-\underline{U}_0)\cdot(E\left\{\hat{\underline{U}}\right\}-\underline{U}_0)C_1'\right\}$$

2. Wir schreiben die Bedingungen für $\underline{U}_0$ und $\hat{\underline{U}}$ ausführlich

a) $\quad X_\varepsilon(T,t_0)\underline{x}(o) + X(T,t_0)\underline{U}_0 = o$

b) $\quad \underline{e}_N - \begin{bmatrix} -I_{Nr} \\ I_{Nr} \end{bmatrix} \hat{\underline{U}} \geqslant o$

Aus den "Kuhn-Tucker"Bedingungen für $\underline{U}_0$ (Gl.255) kann man $\underline{g}_0$ und $\underline{\lambda}_0$ in der folgenden Form unterteilen

$$\underline{g}_0 = \begin{bmatrix} \underline{g}_a \\ \underline{g}_b \end{bmatrix} \geqslant o \;;\quad \underline{\lambda}_0 = \begin{bmatrix} \underline{\lambda}_a \\ \underline{\lambda}_b \end{bmatrix} \geqslant o$$

$$\underline{\lambda}_a'\cdot\underline{g}_a \geqslant o \quad \text{und} \quad \underline{\lambda}_b'\cdot\underline{g}_b \geqslant o$$

wobei

$$\underline{g}_b = \underline{e}_N - \begin{bmatrix} -I_{Nr} \\ I_{Nr} \end{bmatrix}\cdot\underline{U}_0 \geqslant o \qquad \text{ist.}$$

Man setzt

$$\underline{e}_N = \underline{g}_b + \begin{bmatrix} -I_{Nr} \\ I_{Nr} \end{bmatrix}\underline{U}_0$$

in der Bedingung (b) für $\hat{\underline{U}}$ und erhält

$$\underline{g}_b + \begin{bmatrix} - I_{Nr} \\ I_{Nr} \end{bmatrix} \underline{U}_o - \begin{bmatrix} - I_{Nr} \\ I_{Nr} \end{bmatrix} \hat{\underline{U}} \geqslant o$$

d.h.

$$\underline{g}_b + \begin{bmatrix} - I_{Nr} \\ I_{Nr} \end{bmatrix} (\underline{U}_o - \hat{\underline{U}}) \geqslant o \tag{265}$$

Daraus folgt

$$\underline{\lambda}_b' \cdot \underline{g}_b + \underline{\lambda}_b' \cdot \begin{bmatrix} - I_{Nr} \\ I_{Nr} \end{bmatrix} (\underline{U}_o - \hat{\underline{U}}) \geqslant o$$

Wegen $\underline{\lambda}_b' \cdot \underline{g}_b = o$ erhält man schliesslich

$$\underline{\lambda}_b' \cdot \begin{bmatrix} - I_{Nr} \\ I_{Nr} \end{bmatrix} (\underline{U}_o - \hat{\underline{U}}) \geqslant o \tag{266}$$

und

$$\underline{\lambda}_b' \cdot \begin{bmatrix} - I_{Nr} \\ I_{Nr} \end{bmatrix} (\underline{U}_o - E\left\{ \hat{\underline{U}} \right\}) \geqslant o \tag{267}$$

Von den Bedingungen (a) und Gl.(258) gilt aber

$$X(T,t_o) (\underline{U}_o - E\left\{ \hat{\underline{U}} \right\}) = o$$

Man schreibt diese Gleichung in der folgenden Form

$$\begin{bmatrix} - X(T,t_o) \\ X(T,t_o) \end{bmatrix} (\underline{U}_o - E\left\{ \hat{\underline{U}} \right\}) \geqslant o$$

Wegen $\underline{\lambda}_a \geqslant o$ wird dann gelten

$$\underline{\lambda}_a' \cdot \begin{bmatrix} - X(T,t_o) \\ X(T,t_o) \end{bmatrix} (\underline{U}_o - E\left\{ \hat{\underline{U}} \right\}) \geqslant o \tag{268}$$

Aus den beiden Ungleichungen (267) und (268) gilt
schliesslich

$$\begin{bmatrix} \underline{\lambda}_a' & \underline{\lambda}_b' \end{bmatrix} \begin{bmatrix} - X(T,t_o) \\[2mm] X(T,t_o) \\[2mm] - \quad I_{Nr} \\[2mm] I_{Nr} \end{bmatrix} \ (\underline{U}_o - E\{\hat{\underline{U}}\}) \ \geq o$$

oder

$$\underline{\lambda}_o' \cdot P \cdot (\underline{U}_o - E\{\hat{\underline{U}}\}) \ \geq o$$

Man ist jetzt durch die beiden Relationen in der Lage,
das Lemma zu beweisen:

$$E\left\{ (\hat{\underline{U}} - \underline{U}_o)' \cdot C \cdot (\hat{\underline{U}} - \underline{U}_o) + \underline{\lambda}_o' \cdot \underline{P} \cdot (\underline{U}_o - \hat{\underline{U}}) \right\}$$

$$= \text{Spur} \left\{ \text{Cov.}(C_1 \hat{\underline{U}}) \right\}$$

$$+ \text{Spur} \left\{ C_1 (E\{\hat{\underline{U}}\} - \underline{U}_o) \cdot (E\{\hat{\underline{U}}\} - \underline{U}_o)C_1' \right\}$$

$$+ \underline{\lambda}_o' \cdot P(\underline{U}_o - E\{\hat{\underline{U}}\}) \tag{269}$$

Es gilt aber

$$\text{Spur} \left\{ \text{Cov.}(C_1 \hat{\underline{U}}) \right\} \geq o$$

$$\text{Spur} \left\{ C_1 (E\{\hat{\underline{U}}\} - \underline{U}_o) \cdot (E\{\hat{\underline{U}}\} - \underline{U}_o)C_1' \right\} \geq o$$

$$\underline{\lambda}_o' \cdot P \cdot (\underline{U}_o - E\{\hat{\underline{U}}\}) \geq o$$

Das Optimum der Zielfunktion wird erreicht, wenn

1. $E\{\hat{\underline{U}}\} = \underline{U}_o$

2. $C_1 \hat{\underline{U}}$ ist minimaler Varianz.

Bevor wir zur quasi-optimalen Bestimmung von $\hat{\underline{U}}_o$ schreiten, müssen wir hier erwähnen, dass das Lemma <u>nur die</u> <u>Eigenschaften</u> von $\hat{\underline{U}}_o$ zeigt. Die Existenz dieses Vektors wurde vorausgesetzt. In sich ist dieses Lemma aber interessant und ist - nach dem Wissen des Autors - in der Literatur über stochastische quadratische Programmierung [23] zum erstenmal gezeigt. Insbesondere ist das Lemma gültig, unabhängig von der Art des Rauschens, soweit dieses einen Erwartungswert und eine Streuung besitzt.

3.2.2. <u>EINE QUASI-OPTIMALE LOESUNG FUER $\hat{\underline{U}}_o$</u>

Die Bestimmung des optimalen Steuervektors $\hat{\underline{U}}_o$ unter dem Einfluss von Rauschen bei der Messung von $\underline{x}(o)$ bei Berücksichtigung der Betragsbeschränkung von $\hat{\underline{U}}$ ist eine schwierige Aufgabe der stochastischen Programmierung. Nach den heutigen Kenntnissen in der stochastischen Programmierung dürfte die optimale Lösung der vorgestellten Probleme noch nicht gefunden worden sein. Wir werden hier deshalb eine quasi-optimale Lösung vorschlagen.

Sei

$$\underline{x}(o) = \hat{\underline{x}}(o) + \underline{\Delta x}(o)$$

wobei

$\hat{\underline{x}}(o)$ eine Abschätzung von $\underline{x}(o)$ ist

$\underline{\Delta x}(o)$ ist der Abschätzungsfehler

Aus den "Kuhn-Tucker" Bedingungen (255) für $\underline{U}_o$ haben wir

$$C\underline{U}_o = -(\beta \underline{x}(o) + 0.5 \, \underline{P}'.\underline{\lambda}_o)$$

$$= -(\beta \hat{\underline{x}}(o) + \beta \underline{\Delta x}(o) + 0.5 \, \underline{P}'.\underline{\lambda}_o)$$

oder

$$\underline{U}_o = -C^{-1} \cdot (\beta \underline{\hat{x}}(o) + \beta \underline{\Delta x}(o) + 0.5 \, \underline{P}' \cdot \underline{\lambda}_o) \qquad (270)$$

Dann gilt

$$(\underline{\hat{U}} - \underline{U}_o)' \cdot C \cdot (\underline{\hat{U}} - \underline{U}_o) = (\underline{\hat{U}} - \underline{U}_o)' \cdot (C\underline{\hat{U}} + \beta \underline{\hat{x}}(o) + \beta \underline{\Delta x}(o) + 0.5 \, P' \cdot \underline{\lambda}_o)$$

$$= (C\underline{\hat{U}} + \beta \underline{\hat{x}}(o) + \beta \underline{\Delta x}(o) + 0.5 \, P' \cdot \underline{\lambda}_o)' \cdot$$

$$C^{-1} \cdot (C\underline{\hat{U}} + \beta \underline{\hat{x}}(o) + \beta \underline{\Delta x}(o) + 0.5 \, P' \cdot \underline{\lambda}_o)$$

Sei jetzt

$$C\underline{\hat{U}} + \beta \, \underline{\hat{x}}(o) = \underline{r}(o) \qquad (271)$$

dann gilt

$$(\underline{\hat{U}} - \underline{U}_o) \cdot C \cdot (\underline{\hat{U}} - \underline{U}_o) = (\underline{r}(o) + \beta \underline{\Delta x}(o))' \cdot C^{-1} \cdot (\underline{r}(o) + \beta \underline{\Delta x}(o))$$

$$+ \underline{\lambda}_o' \cdot P \cdot C^{-1} \cdot (\underline{r}(o) + \beta \underline{\Delta x}(o))$$

$$+ \tfrac{1}{4} \underline{\lambda}_o' \cdot P \cdot C^{-1} \cdot P' \cdot \underline{\lambda}_o \qquad (272)$$

und

$$\underline{\lambda}_o' \cdot P \cdot (\underline{U}_o - \underline{\hat{U}}) = - \underline{\lambda}_o' \cdot P \cdot C^{-1} \cdot \left[\underline{r}(o) + \beta \underline{\Delta x}(o) + 0.5 \, P' \cdot \underline{\lambda}_o \right]$$

$$(273)$$

Aus den Gleichungen (272) und (273) erhält man

$$\left[(\underline{\hat{U}} - \underline{U}_o)' \cdot C \cdot (\underline{\hat{U}} - \underline{U}_o) \right] + \underline{\lambda}_o' \cdot P \cdot (\underline{U}_o - \underline{\hat{U}})$$

$$= (\underline{r}(o) + \beta \underline{\Delta x}(o))' \cdot C^{-1} \cdot (\underline{r}(o) + \beta \underline{\Delta x}(o)$$

$$- 0.25 \, \underline{\lambda}_o' \cdot P \cdot C^{-1} \cdot P' \, \underline{\lambda}_o \qquad (274)$$

Man kann jetzt die Zielfunktion (Gl.258) in der folgenden Form
schreiben:

$$E\left\{(\hat{\underline{U}}-\underline{U}_o)'.C.(\hat{\underline{U}}-\underline{U}_o) + \underline{\lambda}_o'.P.(\underline{U}_o-\hat{\underline{U}})\right\}$$

$$= E\left\{\underline{r}'(o).C^{-1}.\underline{r}(o)\right\} + 2\ E\left\{\underline{r}'(o).C^{-1}.\beta\underline{\Delta x}(o)\right\}$$

$$+ E\left\{\underline{\Delta x}'(o).\beta'.C^{-1}.\beta.\underline{\Delta x}(o)\right\}$$

$$- 0.25\ \underline{\lambda}_o'.P.C^{-1}.P'.\underline{\lambda}_o \qquad\qquad (275)$$

Man benützt die Relation

$$C = C_1'\ C_1 \quad ; \quad C^{-1} = C_1^{-1}\ .\ C_1'^{-1}$$

und bewerte die stochastischen Termen in Gl(275)

1. $E\left\{\underline{r}'(o).C^{-1}.\underline{r}(o)\right\}\ =\ \text{Spur}\left[(C_1^{-1})'.E\left\{\underline{r}(o).\underline{r}'(o)\right\}C_1^{-1}\right]\geqslant o$

2. $E\left\{\underline{r}'(o).C^{-1}.\beta\underline{\Delta x}(o)\right\}\ =\ \text{Spur}\left[(C_1^{-1})'.E\left\{\beta\underline{\Delta x}(o).\underline{r}'(o)\right\}C_1^{-1}\right]$

3. $E\left\{\underline{\Delta x}'(o)\beta'.C^{-1}.\beta\underline{\Delta x}(o)\right\}$

$$= \text{Spur}\left[(\beta'C_1^{-1})'.E\left\{\underline{\Delta x}(o).\underline{\Delta x}'(o)\right\}\right.$$

$$\left.(\beta'\ C_1^{-1})\right]\geqslant o$$

Nach Berücksichtigung der Relationen

$$E\left\{\underline{\Delta x}(o).\underline{\Delta x}'(o)\right\} = \text{Cov.}(\hat{x}(o)) + \left[E\left\{\hat{\underline{x}}(o)\right\}-\underline{x}(o)\right]\left[E\left\{\hat{\underline{x}}(o)\right\}-\underline{x}(o)\right]'$$

mit

$$\text{Cov.}(\hat{\underline{x}}(o)) = E\left\{(\hat{\underline{x}}(o) - E\left\{\hat{\underline{x}}(o)\right\})(\hat{\underline{x}}(o)-E\left\{\hat{\underline{x}}(o)\right\})'\right\}$$

wird die Zielfunktion lauten

$$E\left\{(\hat{\underline{U}}-\underline{U}_o)'.C.(\hat{\underline{U}}-\underline{U}_o)+\underline{\lambda}_o'.P.(\underline{U}_o-\hat{\underline{U}})\right\}$$

$$= \text{Spur}\left[(C_1^{-1})'.E\left\{\underline{r}(o).\underline{r}'(o)\right\}C_1^{-1}\right]$$

$$+ 2\ \text{Spur}\left[(C_1^{-1})'.E\left\{\beta\underline{\Delta x}(o).\underline{r}'(o)\right\}C_1^{-1}\right]$$

$$+ \text{Spur}\left[(\boldsymbol{\beta}'C_1^{-1})'.\text{Cov}.(\hat{\underline{x}}(o)).(\boldsymbol{\beta}'C_1^{-1})\right]$$

$$+ \text{Spur}\left[(\boldsymbol{\beta}'C_1^{-1})'.\left[E\{\hat{\underline{x}}(o)\}-\underline{x}(o)\right]\left[E\{\hat{\underline{x}}(o)\}-\underline{x}(o)\right]'(\boldsymbol{\beta}'C_1^{-1})\right]$$

$$- 0.25 \,\underline{\lambda}_o'.P.C^{-1}.\underline{P}'.\underline{\lambda}_o \tag{276}$$

Der letzte Term in Gl.(276) ist nicht stochastisch und ist unabhängig von $\hat{\underline{U}}$. Die übrigen Termen, ausser den zweiten, sind alle <u>nicht negativ</u>.

a) <u>Der freie Fall</u> (ohne Nebenbedingungen)

In diesem Fall gilt es, die Zielfunktion in Gl.(276) ohne Nebenbedingungen zu minimalisieren. Dabei ist man in der Wahl von $\underline{r}(o)$ und $\hat{\underline{x}}(o)$ frei. Weil die stochastischen Termen in Gl.(276) - ausser dem zweiten Term - nicht negativ sind, erscheint die Wahl von $\underline{r}(o)$ durch

$$\underline{r}(o) = o$$

als günstig. Damit verschwinden die ersten zwei Terme. Nach dieser Wahl wird die Zielfunktion minimal sein, wenn $C_1^{-1}.\boldsymbol{\beta}\hat{\underline{x}}(o)$ eine erwartungstreue Abschätzung minimaler Varianz von $C_1^{-1}.\boldsymbol{\beta}.\underline{x}(o)$ ist. Durch diese Wahl von $\underline{r}(o)$ und $\hat{\underline{x}}(o)$ erhalten wir das folgende <u>Separationsprinzip</u>:

1. Der Zustandsvektor $\underline{x}(o)$ wird durch einen Filter ab-geschätzt. Das Kriterium für die Wahl des Filters ist

$$\underset{\hat{\underline{x}}(o)}{\text{Min}} \ E\left\{(\hat{\underline{x}}(o)-\underline{x}(o))'\,\boldsymbol{\beta}'.C^{-1}.\boldsymbol{\beta}(\hat{\underline{x}}(o)-\underline{x}(o))\right\}$$

$$\text{mit} \ \ E\{\hat{\underline{x}}(o)\} \ = \underline{x}(o) \tag{277}$$

2. Die quasi-optimale Steuergrösse $\hat{\underline{U}}_o$ wird durch die Gleichung

$$C\,\hat{\underline{U}}_o = -\,\boldsymbol{\beta}\,\hat{\underline{x}}(o) \tag{278}$$

bestimmt.

Um die Zustandssteuerung durchzuführen, muss man dieses
Separationsprinzip bei jedem Schritt k (k = 0,1,..., n-1)
verwenden

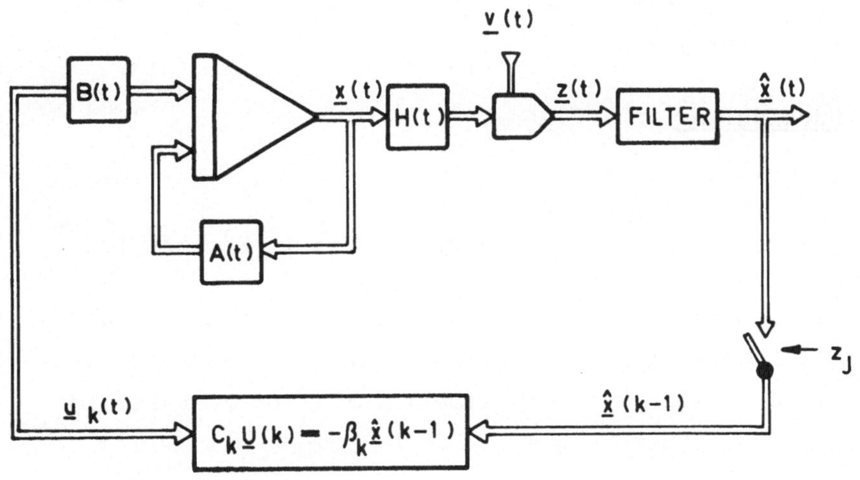

Bild 29. Die Regelung mit dem Separationsprinzip

Damit kann man auch das lineare Rückführungsprogramm
verwenden. Der Filter muss so gebaut werden, dass $\hat{x}(k)$
die beste Abschätzung von $\underline{x}(k)$ nach den Kriterien von
Gl.(277) ist.Nachher behandelt man das Problem, als ob
das Rauschen gar nicht vorhanden ist. Ein Vorteil ist,
dass mit dieser Separation eine gute Lösung erreicht wird
<u>ohne die besondere Art des Rauschens</u> (<u>ob es additiv oder</u>
<u>eine bestimmte Verteilung besitzt</u>) <u>zu berücksichtigen</u>.
Weil bei dieser Separation die Kovarianz von $\underline{r}(o)$ und
$\hat{\underline{x}}(o)$ null ist, dürfte eine bessere Lösung des Problems
notwendigerweise eine negative Kovarianz von $\underline{r}(o)$ und $\hat{\underline{x}}(o)$
besitzen.

<u>Zusammenfassend:</u> Die quasi-optimale Regelung ist durch den folgenden Algorithmus bestimmt

1. <u>Bedingung für den Filter</u>

$C_{1,k}^{-1} \, \beta_k \hat{\underline{x}}(k)$ ist eine erwartungstreue Abschätzung minimaler Varianz von $C_{1,k}^{-1} \, \beta_k \underline{x}(k)$

2. <u>Rückführung</u>

$$C_k \cdot \hat{\underline{U}}(k) = - \beta_k \, \hat{\underline{x}}(k)$$

Die Matrizen C_k, β_k sind gleich wie in Kapitel I.

Wie man den obigen Filter baut, brauchen wir hier nicht zu untersuchen. Aus der Regelungstechnik wissen wir, dass man diesen Filter mit der Filtertheorie von Bucy-Kalman rekursiv berechnen kann.

b) <u>Berücksichtigung der Endbedingungen</u>

Dieser Fall kann ganz analog wie (a) behandelt werden. Man braucht nur β_k durch

$$\gamma_k = \beta_k + Y_a(k) \Lambda_k$$

zu ersetzen($H(t) \equiv I$)

Die Matrizen $Y_a(k)$ und Λ_k sind in Kapitel I beschrieben.

c) <u>Berücksichtigung von Betragsbeschränkungen</u>

Hier wird eine quasi-optimale Lösung anhand der Anwendung des Separationsprinzips vorgeschlagen. Der optimale Filter sollte nach den Kriterien in (a) oder (b) bestimmt werden*. Die Wahl von $\underline{r}(o)$ kann nicht ohne Berücksichtigung der

---

(*) Für additives Gauss'sches Rauschen sind alle diese Filter mit demjenigen, der eine erwartungstreue Abschätzung minimaler Varianz von $\underline{x}(k)$ ergibt, identisch.

Betragsrestriktionen erfolgen. Man verwendet daher das quadratische Rückführungsprogramm (Gl.94) mit dem Unterschied, dass man $\underline{x}(k)$ durch $\underline{\hat{x}}(k)$ ersetzt

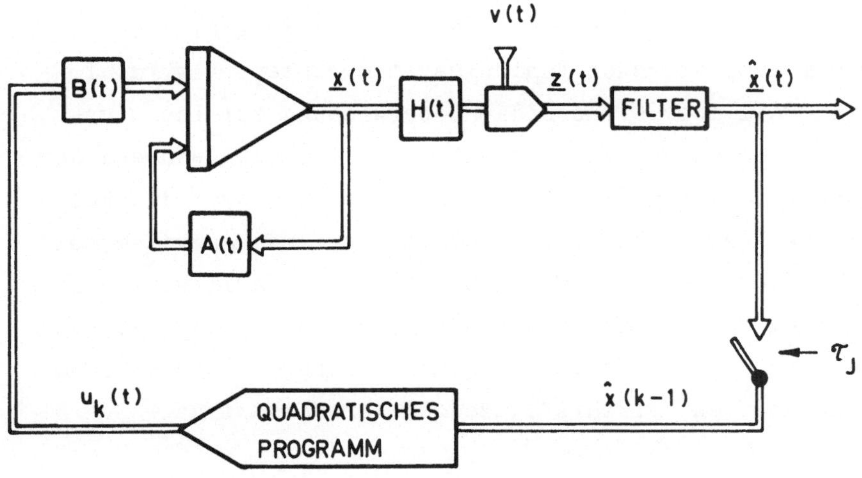

Bild 30. Die Regelung mit dem quadratischen Programm nach dem Separationsprinzip

4. ANWENDUNG DES RUECKFUEHRUNGSPROGRAMMS FUER DIE AUTOMATISCHE LANDUNG VON VERKEHRSFLUGZEUGEN

Bei der Behandlung der automatischen Landung, sollte der Pilot während der Landungsphase aktiv bleiben. Er übernimmt die Kontrolle über die gesamte Instrumentation und muss immer in der Lage sein, zu entscheiden, ob das Flugzeug von ihm oder vom automatischen Landungssystem gesteuert wird. Im zweiten Fall muss er noch die Ueberwachung der Landungsmanöver übernehmen. Für die Aufgabenaufteilung während der Landung wird der Pilot die Seitensteuerung sowie die Rollsteuerung übernehmen. Das automatische Landungssystem sollte nur die Elevation (die Flughöhe) steuern. Damit wäre eine Entlastung des Pilots erreicht worden. Von der dynamischen Seite her, ist die Entkopplung der Flugzeugachsen während der Landung von Verkehrsflugzeugen gerechtfertigt.

4.1. DIE LANDUNGSPHASEN VON VERKEHRSFLUGZEUGEN

Das Landungsmanöver eines Verkehrsflugzeuges kann in drei Phasen aufgeteilt werden: die Gleitphase, die eigentliche Landungsphase und die Rollphase.

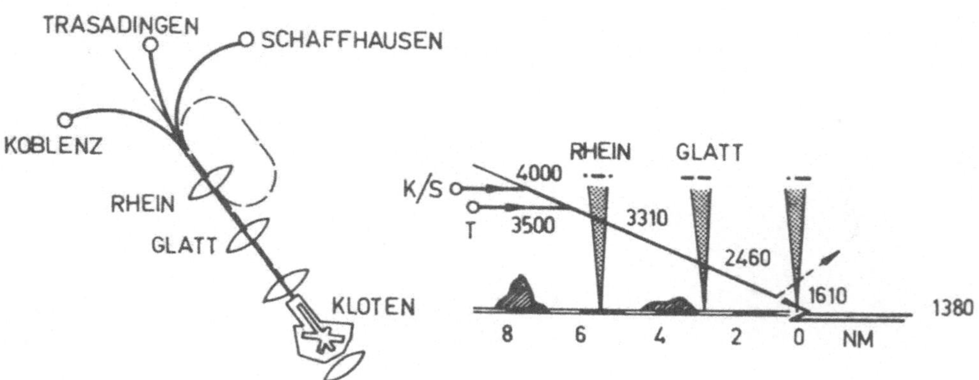

Bild 31: Eine vereinfachte Landungskarte für den Flughafen Kloten mit einem vertikalen Schnitt des Leitstrahls

In der <u>Gleitphase</u> dient ein Leitstrahl als Flugreferenz
entlang deren der Pilot oder der Autopilot das Flugzeug
steuert. Die <u>eigentliche Landungsphase</u> beginnt vom Zeitpunkt an, wo das Flugzeug sich genau über dem Pistenanfang
befindet. Sie endet bei der Berührung der Piste. Nach dem
Berührungspunkt befindet sich das Flugzeug in der <u>Rollphase</u>.
Falls das Flugzeug "normal" landet, wird das hintere Fahrwerk zuerst den Boden berühren. Das Flugzeug kippt nachher
nach vorn. Damit wird das vordere Fahrwerk den Boden erreichen.

Das automatische Landungssystem übernimmt die automatische
<u>Steuerung der Elevation</u> während der eigentlichen Landungs-
phase, d.h. vom Pistenanfang bis zum Berührungspunkt. Im
Idealfall sollte die Landung zuerst mit konstanter Sinkgeschwindigkeit und nachher mit konstanter vertikaler Beschleunigung durchgeführt werden. Das setzt aber voraus, dass die
Anfangsbedingungen (z.B Höhe, Sinkgeschwindigkeit, Pitchwinkel) beim Ueberfliegen des Pistenanfangs richtig sind.

4.2. <u>DER EINFLUSS DER ANFANGSBEDINGUNGEN</u>

Wegen der Streuung der Anfangsbedingungen bei der Landung
werden verschiedene Landungskurven entstehen. Es kann auch
vorkommen, dass das Flugzeug den Boden mehrmals berührt
(das sogenannte "Hoppeln"). Für manche Anfangsbedingungen
ist sogar ein Landungsmanöver nicht durchführbar. Die Piloten
erhalten Erfahrungswerte für die Anfangs- und Endbedingungen
bei einem bestimmten Flugzeug. Für eine DC-9, bei einer hori-
zontalen Geschwindigkeit V_h = 120 Knoten/h und eine Landungs-
dauer von 12 Sec. sind die folgenden Werte erwünscht:

<u>Anfangswerte:</u>

Höhe	$h(o)$	=	40 f .... 60 f
Sinkgeschwindigkeit	$\dot{h}(o)$	=	lo f/S
Pitchwinkel	$\theta(o)$	=	$2^{o}....5^{o}$

<u>Endwerte:</u>

$$h(T) = o$$
$$\dot{h}(T) = 1,5 ... 3,5 \; f/S$$
$$\theta(T) = 4^{o} ... 5^{o}$$

Diese empfohlenen Anfangswerte sind durch erfahrene Test-
piloten festgestellt worden, so dass das Landungsmanöver die
gegebenen Endwerte erfüllen kann. Bei der Berührung der Piste
sichert ein positiver Pitchwinkel $\theta(T)$, dass das hintere Fahrwerk zuerst den Boden berührt, während der angegebene Bereich
für die Sinkgeschwindigkeit zu einer angenehmen Landung bei-
trägt. Zudem bedeuten die beiden Anforderungen für $\theta(T)$ und
$\dot{h}(T)$ eine günstige Anfangsbedingung für die nächste Rollphase.

Es gibt aber <u>maximal zulässige Werte</u> für $\theta(T)$ und $\dot{h}(T)$ bei
der Pistenberührung, die nicht überschritten werden dürfen.
Der Pitchwinkel $\theta_{max}(T) = 10.5^{o}$ darf nicht überschritten werden, sonst ist das Anstossen des Heckes unvermeidbar. Ein
Pitchwinkel $\theta_{min}(T) = 2^{o}$ sollte dagegen nicht unterschritten
werden, damit die Landung nicht auf den Vorderrädern stattfin-
det. Die Werte für die Sinkgeschwindigkeit $\dot{h}(T)$ bedeuten die
Härte der Landung. Bei $\dot{h}(T) = 10$ f/s ist die Landung hart.
Das Fahrwerk kann aber diesen Wert ohne Schaden ertragen.
Dagegen muss bei $\dot{h}(T) > 10$ f/s das Fahrwerk zur Inspektion
gebracht werden. Umgekehrt sollte $\dot{h}(T)$ nicht kleiner als
1.5 f/s sein, damit das Flugzeug nicht wieder startet.

4.3. <u>DAS FLUGZEUG ALS REGELSTRECKE</u>

Die drei Bewegungsachsen des Flugzeuges sind durch den Stei-
gungswinkel Θ (oder Pitchwinkel), den Schiebewinkel β und den
Rollwinkel ϕ charakterisiert. Für die Steuerung des Flugzeuges in diesen drei Achsen dienen die Höhenruder (Elevator),
die Seitenruder und die Querruder. Wir interessieren uns für
die Bewegung des Flugzeuges in der vertikalen Ebene, die wir
unabhängig von der Bewegung in anderen Ebenen betrachten werden. Man nimmt an, dass die Bewegung und die Steuerung der
Elevation ohne Einfluss von Bewegungen in anderen Richtungen
durchgeführt werden kann. Diese Entkopplung der Bewegungsgleichungen lässt sich rechtfertigen, wenn die Bewegungs- und
Steuerungswinkel nicht gross sind. Dies ist bei der Landungsphase von Verkehrsflugzeugen der Fall. Das Flugzeug wird
daher als ein starrer Körper betrachtet, der sich in der vertikalen Ebene bewegt.

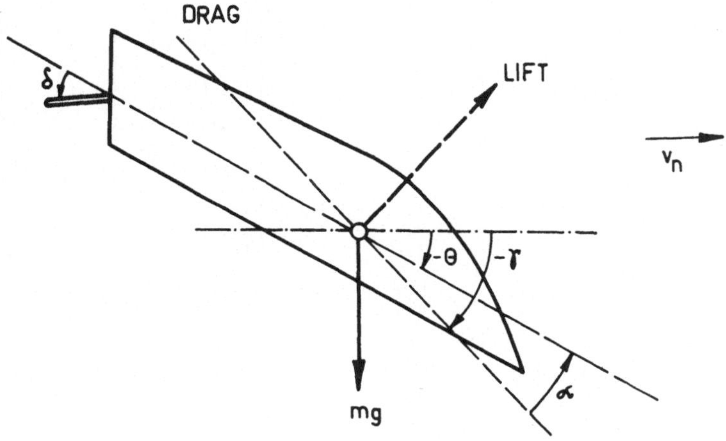

Bild 32: Schematische Darstellung der Bewegung
in der vertikalen Achse
Θ Pitchwinkel γ Gleitwinkel
δ Elevatorwinkel v_h horizontale Geschwindigkeit

Bild (32) zeigt die verschiedenen physikalischen Grössen,
die in der Bewegung in der vertikalen Ebene eintreten. Die
Bewegungsgleichungen des Flugzeuges in dieser Ebene wurden
als ein System von linearen Differentialgleichungen angenommen. Anhand von Messungen [31] auf dem Simulator der DC-9
wurde die Linearität in einem annehmbaren Bereich bestätigt.
Zwischen dem Steuerwinkel $\delta(t)$ und dem Pitchwinkel $\theta(t)$ sowie der Höhe $h(t)$ ergeben sich die folgenden Uebertragungsfunktionen

$$\widetilde{\theta(t)} = - \frac{0.95\ (1 + 2.5\ p)}{p^2\ (1 + p + p^2)}\ \widetilde{\delta}(t) \tag{279}$$

$$\widetilde{h(t)} = \frac{0.2}{p\ (1 + 2.5\ p)}\ \widetilde{\theta(t)} \tag{280}$$

(Die horizontale Geschwindigkeit V_h wird durch die Triebwerk-
regulierung konstant gehalten.)

Die obigen Uebertragungsfunktionen sind im Buch von "Merriam"
[19] angegeben. In Matrizenform erhält man das folgende System

$$\frac{d}{dt}
\begin{bmatrix} h(t) \\ \dot{h}(t) \\ \theta(t) \\ \dot{\theta}(t) \\ Z(t) \end{bmatrix}
=
\begin{bmatrix}
0 & 0.2 & & & \\
0 & 0.4 & 0.4 & & \\
0 & & 0 & 10 & \\
& & 0 & 0 & -1 \\
& & & 1 & -1
\end{bmatrix}
\begin{bmatrix} h(t) \\ \dot{h}(t) \\ \theta(t) \\ \dot{\theta}(t) \\ Z(t) \end{bmatrix}
+
\begin{bmatrix} 0 \\ 0 \\ 0 \\ -1.425 \\ -2.375 \end{bmatrix}
u(t)$$

oder

$$\tag{281}$$

$$\dot{\underline{x}}(t) = A\ \underline{x}(t) + u(t)$$
$$\underline{x}'(t) = \begin{bmatrix} h(t) & \dot{h}(t) & \theta(t) & \dot{\theta}(t) & Z(t) \end{bmatrix}$$

4.4. <u>DIE WAHL DER ZIELFUNKTION</u>

Man kann die Anforderungen an das automatische Landungssystem wie folgt zusammenfassen:

<u>Gegeben:</u>   Die Anfangsbedingungen $h(o)$, $\dot{h}(o)$, $\theta(o)$
und die Landungszeit $T = 15$ Sec.

<u>Gesucht:</u>   Die Steuergrösse $u(t)$, so dass

$$h(t) > o \qquad o < t < 15$$
$$h(T) = o$$

$$1.5 \leq \dot{h}(T) \leq 10 \text{ f/s}$$
$$2^{o} \leq \theta(T) \leq 6^{o}$$
$$-15^{o} \leq (t) \leq 35^{o}$$

Das automatische Landungssystem muss sich durch eine sehr
hohe Sicherheit auszeichnen und womöglich eine angenehme Landung durchführen.

Die Wahl der Zielfunktion des automatischen Landungssystems
muss speziell für diese Anwendung gewählt werden. Man kann
sich diese Wahl sehr erleichtern, wenn man vom automatischen
Landungssystem verlangt, dass es sich wie ein erfahrener Pilot
verhalten muss. Man muss das Verhalten des Piloten mathematisch
erfassen. Der Pilot löst eigentlich eine Randwertaufgabe und
manövriert das Flugzeug mit einer "schönen" Landungskurve.
Die <u>Krümmung</u> dieser Kurve ist klein. Man kann deshalb das
Ziel des automatischen Landungssystems so wählen, dass die
Krümmung der Landungskurve klein bleibt. Wegen der Relation

$$\text{Krümmung} \quad = \quad \frac{\ddot{h}(t)}{\sqrt{1 + \dot{h}^{2}(t)}}$$

$$\approx \quad \ddot{h}(t) \qquad (\text{bei } \dot{h} \ll 1)$$

kann man die Krümmung durch die vertikale Beschleunigung $\ddot{h}(t)$
ersetzen. Die Zielfunktion des automatischen Landungssystems
wird deswegen gleich das Integral des Quadrats der vertikalen
Beschleunigung $\ddot{h}(t)$ gewählt.

$$\underset{u(t)}{\text{Min}} \quad Z(t) = \int_0^T (\ddot{h}(t))^2 dt \qquad\qquad (282)$$

Diese einfache Wahl der Zielfunktion garantiert (bei $\dot{h}(t) \ll 1$) eine minimale Krümmung der Landungskurve und eine angenehme Landung für die Fluggäste, weil grosse vertikale Beschleunigungsänderungen nicht auftreten werden. Zugleich wird die Beanspruchung des Flugzeuges während der Landung ($|\ddot{h}(t)|$ gilt als Mass für die Beanspruchung) möglichst klein gehalten. Das erhöht die Lebensdauer des Flugzeuges.

4.5. <u>DIE OPTIMIERUNGSAUFGABE</u>

Man ist jetzt in der Lage, die folgende Optimierungsaufgabe zu formulieren:

$$\underset{u(t)}{\text{Min}} \quad Z(u(t)) = \int_0^T (\ddot{h}(t))^2 dt$$

$$T = 15 \text{ Sec.}$$

für das System

$$\underline{\dot{x}}(t) = A\,\underline{x}(t) + B\,u(t)$$

$$\underline{x}'(o) = \begin{bmatrix} h(o) & \dot{h}(o) & \theta(o) & o & o \end{bmatrix} \qquad (283)$$

so dass

$$h(T) = o$$
$$\dot{h}(T) = \xi_1$$
$$\theta(T) = \xi_2$$

(Restriktionen für $h(T)$, $\dot{h}(T)$, $\theta(t)$, $u(t)$ können berücksichtigt werden.)

Diese Optimierungsaufgabe ist eine optimale Steuerung des linearen Systems mit quadratischer Zielfunktion. <u>Das Integral der Zielfunktion enthält keinen Term in u(t). Es ist daher nicht möglich, die bekannte Riccati-Rückführungsmethode zu</u>

<u>verwenden</u>. Wir werden die Lösung mit den gezeigten Ergebnissen
in Kapitel I behandeln.

Das Intervall T = 15 Sec. wird in fünf Teilintervalle aufgeteilt, deren Länge sukzessiv 2, 2, 3, 4, 4 Sec. beträgt. Der
Zustandsvektor $\underline{x}(t)$ erhält man aus

$$\underline{x}(t) = X_\varepsilon(t)\underline{x}(o) + X(t)\underline{U}$$

$$\underline{U}' = \begin{bmatrix} u_1 & u_2 & u_3 & u_4 & u_5 \end{bmatrix}$$

Mit

$$\ddot{h}(t) = \underline{H}'_\varepsilon(t) \; \underline{x}(o) + \underline{H}'(t) \; \underline{U}$$

erhält man die Optimierungsaufgabe

$$\min_{\underline{U}} Z(\underline{U}) = \gamma(o) + 2 \; \underline{U}' \beta \; \underline{x}(o) + \underline{U}' \; C \; \underline{U}$$

mit

$$X_\varepsilon(T)\underline{x}(o) + X(T)\underline{U} = \underline{x}(T)$$

wobei

$$C = \int_0^T \underline{H}(t) \; \underline{H}'(t)dt$$

$$= \int_0^T \underline{H}(t) \; \underline{H}'_\varepsilon(t)dt \tag{284}$$

<u>Bemerkung:</u>

- Restriktionen über $\underline{x}(t)$ oder $u(t)$ können berücksichtigt
  werden.

- Das Rückführungsprogramm wird verwendet.

Wir geben hier die Matrizen $C, \beta, X_\varepsilon(T), X(T)$ aus der Simulation auf dem Hybridenrechner

$$
C = \begin{bmatrix} 5.5700 & 1.6250 & -0.9150 & 0.2500 & 0.0350 \\ & 5.6325 & 1.1950 & -0.3520 & 0.1200 \\ & & 10.2475 & 0.2825 & 0.1025 \\ & \text{symmetrisch} & & 14.3900 & 0.4900 \\ & & & & 9.8750 \end{bmatrix}
$$

$$(285)$$

$$
\beta = \begin{bmatrix} 0.000 & -1.3060 & 2.6388 \\ 0.000 & -0.5950 & 1.1949 \\ 0.000 & -0.3418 & 0.6943 \\ 0.000 & -0.1166 & 0.2460 \\ 0.000 & -0.0189 & 0.0509 \end{bmatrix}
$$

$$(286)$$

$$
X_\varepsilon(T) = \begin{bmatrix} 1.000 & 2.5470 & 24.9657 \\ 0.000 & 0.000 & 1.9971 \\ 0.000 & 0.000 & 1.000 \end{bmatrix}
$$

$$(287)$$

$$
X(T) = \begin{bmatrix} 4.8080 & 4.8090 & 4.7435 & 3.7250 & 0.7040 \\ 0.3710 & 0.3740 & 0.5590 & 0.7705 & 0.5405 \\ 0.1855 & 0.1855 & 0.2825 & 0.3425 & 0.5415 \end{bmatrix}
$$

$$(288)$$

(Für β, X_ε, X sind nur die gebrauchten Werte angegeben.)

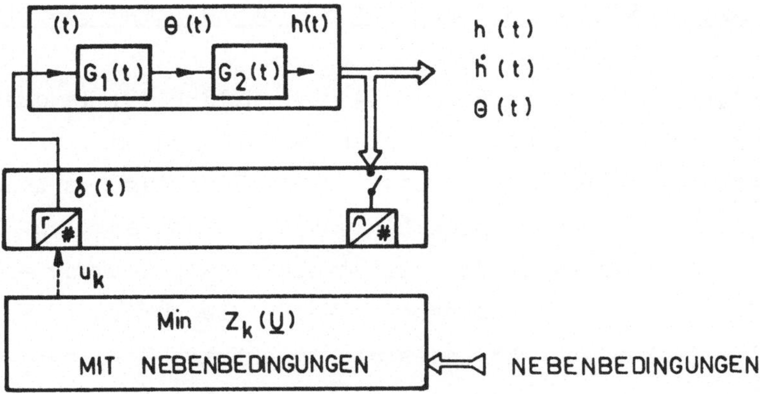

Bild 33

Das gesamte automatische Landungssystem ist in Bild (33)
angegeben. Das Flugzeug ist im oberen Bild repräsentiert.
Zu den gegebenen Zeiten t_o, t_1, ..., t_4 werden die Grössen
$h(t_k)$, $\dot{h}(t_k)$, $\theta(t_k)$ gemessen und auf den Digitalrechner übertragen. Der Rechner rechnet den optimalen Vektor $\underline{U}$ für das
nächste Steuerintervall. Die berechnete Steuergrösse u_{k+1}
wird durch einen Digital-Analog-Wandler auf den Elevator
wirken. Die gewünschten Endwerte für die Landung wie $\dot{h}(T)$,
$\theta(T)$ oder $\dot{\theta}(T)$ können dem Digitalrechner zugeführt werden.
Der Rechner kann - je nach dem Umfang der Optimierungsauf-
gabe - ein Spezialrechner sein - der an Bord des Flugzeuges
oder am Flughafen vorhanden ist.

4.6 <u>DIE LANDUNGSKURVEN MIT DEM AUTOMATISCHEN LANDUNGSSYSTEM</u>

Die Kurvenscharen in Bild (34) bis Bild (39) demonstrieren
die Fähigkeit des automatischen Landungssystems, trotz den
verschiedenen Anfangsbedingungen,das Flugzeug zum Landungspunkt mit den gewünschten Landungswerten zu steuern. Die
erste Kurve in Bild (34) zeigt die ideale Landung - d.h.
mit idealen Anfangsbedingungen - für die normierte Höhe
$h(o) = 1$. Man bemerkt, dass die zugehörige Steuergrösse
(Bild (34)) bis zu den letzten zwei Schritten praktisch null
bleibt. Nachher beginnt das sogenannte "<u>Flare out</u>", damit die
gewünschten Berührungsbedingungen erreicht werden.

Die Kurvenschar in Bild (34) zeigt wie die Landungskurve
aussieht, wenn das Flugzeug mit idealer Sinkgeschwindigkeit
und Pitchwinkel, aber mit verschiedenen Höhen den Pistenanfang überfliegt. Die Kurvenschar in Bild (36) zeigt bei
idealer Höhe $h(o)$, wie die Landungskurven bei verschiedenen
Sinkgeschwindigkeiten und Pitchwinkeln vorkommen werden. Hier
variiert die Sinkgeschwindigkeit zwischen Null und dem Dreifachen der normalen Sinkgeschwindigkeit. Bild (35) zeigt die
Landungsschar für verschiedene Höhen bei horizontalem Flug
($\dot{h}'(o) = o$) über dem Pistenanfang. Die unterste Kurve dieser
Schar muss als Demonstration für die Manövrierarbeit des
automatischen Landungssystems betrachtet werden. Bei dieser
Kurve wird das Flugzeug vom Boden gehoben und auf den gewünschten Landungspunkt gebracht. Bild (37) zeigt die Landungsschar für tiefen Flug mit $h(o) = o.5$. Das Bild demonstriert
die Fähigkeit des automatischen Landungssystems, das Flugzeug bei sehr schlechten Anfangsbedingungen doch zu fangen.
Die oberste und die unterste Kurve sind für das Dreifache der
normalen vertikalen Geschwindigkeit aufgenommen worden. Bei
der untersten Kurve in Bild (37) ist das Flugzeug vor dem
gewünschten Berührungspunkt gelandet. Diese Landung ist immer

noch kein Sturz, sondern eine harte Landung. In Bild (37)
unten sieht man deutlich, dass der Pitchwinkel positiv ist.
Die Sinkgeschwindigkeit ist erwartungsgemäss hoch und zeigt
die Härte der Landung. Bild (38) zeigt die Sturzeigenschaften mit der dreifachen Sinkgeschwindigkeit $3\,\dot{h}(o)$. Die Höhe
$h(o)$ wird von 1 bis 0.55 variiert. Die Kurvenschar in
Bild (39) zeigt die Landungskurven bei idealen Anfangsbedingungen, aber für verschiedene Endbedingungen. Die unterste Kurve ist mit verschwindender Sinkgeschwindigkeit aufgenommen worden. Diese Landung kann für Flugzeuge mit be-
schädigtem Fahrwerk von Vorteil sein.

Aus den gewonnenen Landungskurven geht hervor, wie das automatische Landungssystem das Flugzeug mit sehr grosser Sicherheit landen lässt. Die Kurven garantieren für normale Lan-
dungsbedingungen eine angenehme Landung und für grosse Abweichung der Höhe, der Sinkgeschwindigkeit und des Pitch-
winkels eine sichere Landung.

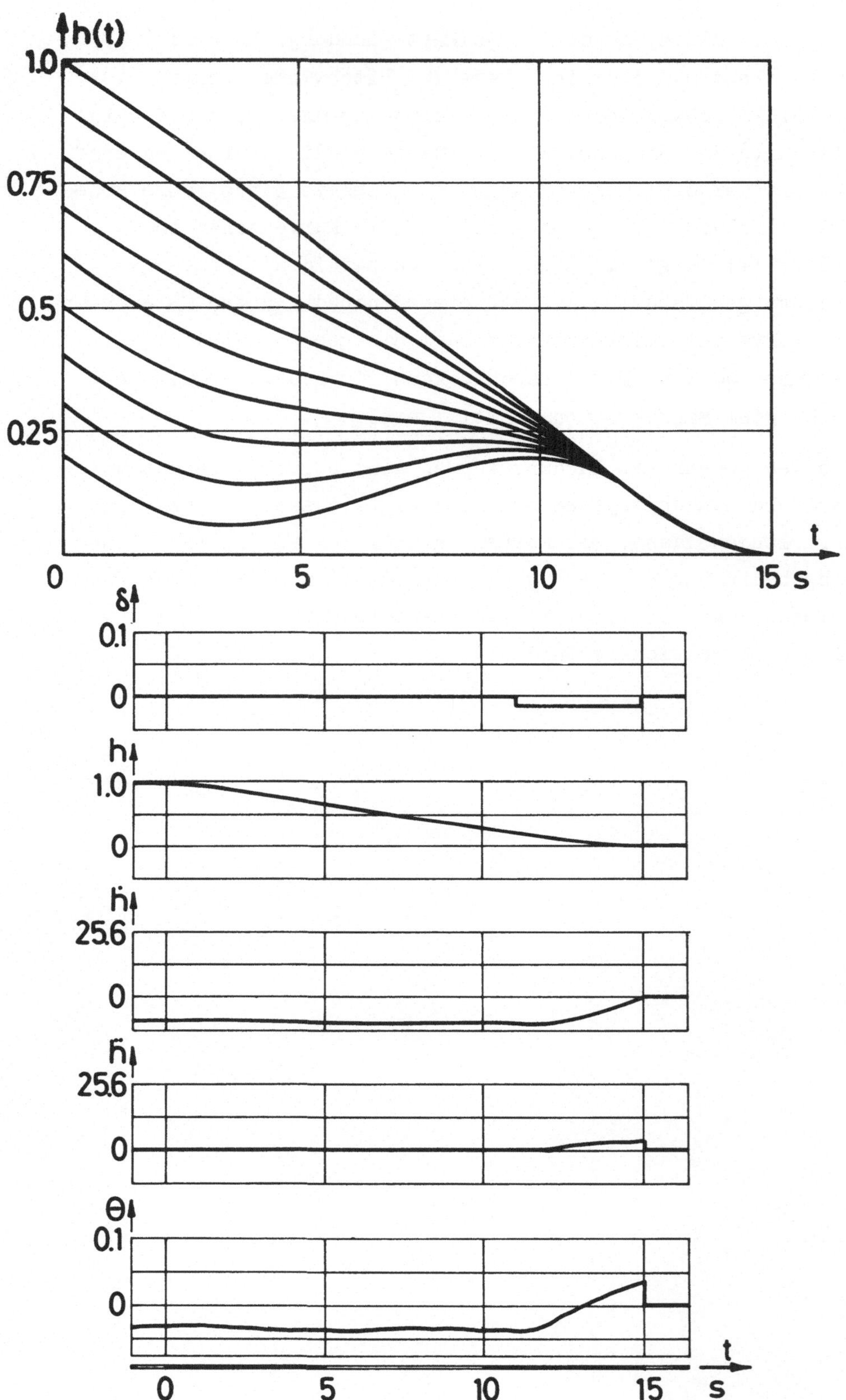

Bild 34: Die Kurvenschar für die ideale Sinkgeschwindigkeit und
          Titschwinkel

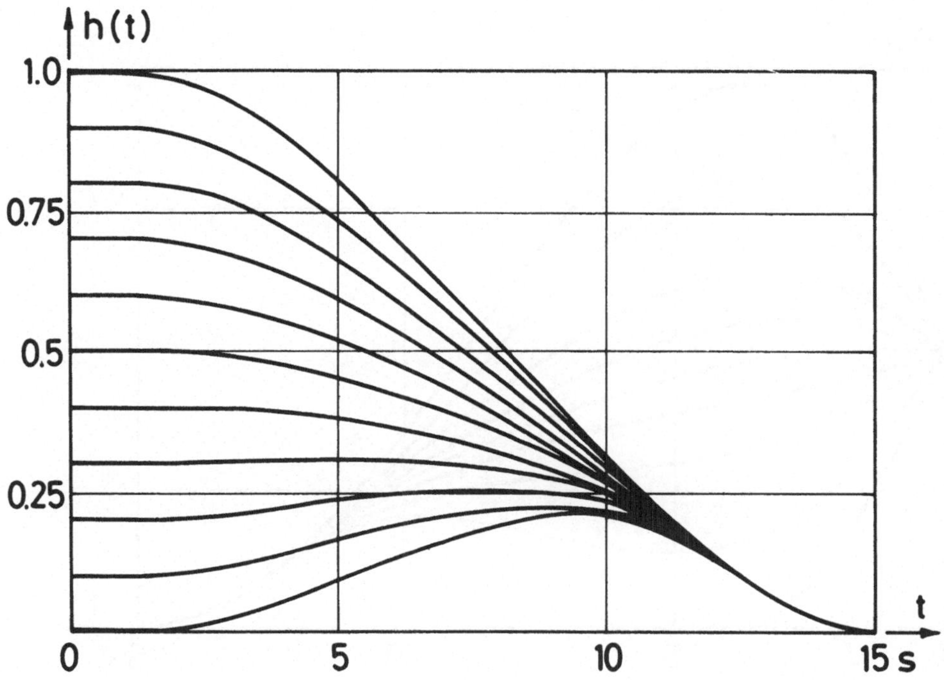

Bild 35: Die Kurvenschar für die Landung mit h(o) = o und Θ(o) = o

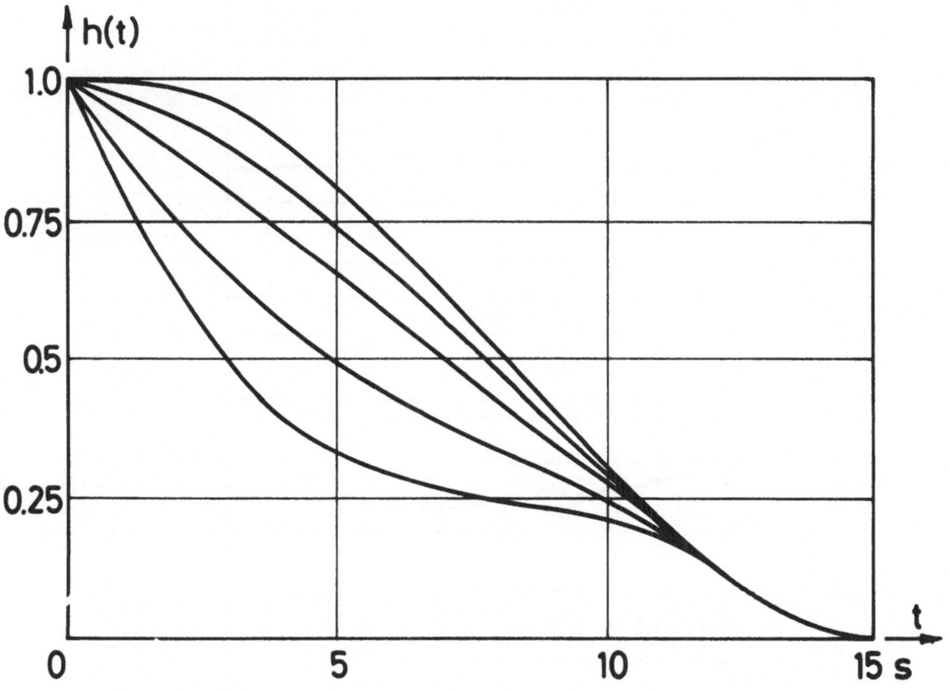

Bild 36: Die Kurvenschar für die Landung bei idealer Höhe
h(o) = 1, aber mit verschiedenen Sinkgeschwindigkeiten

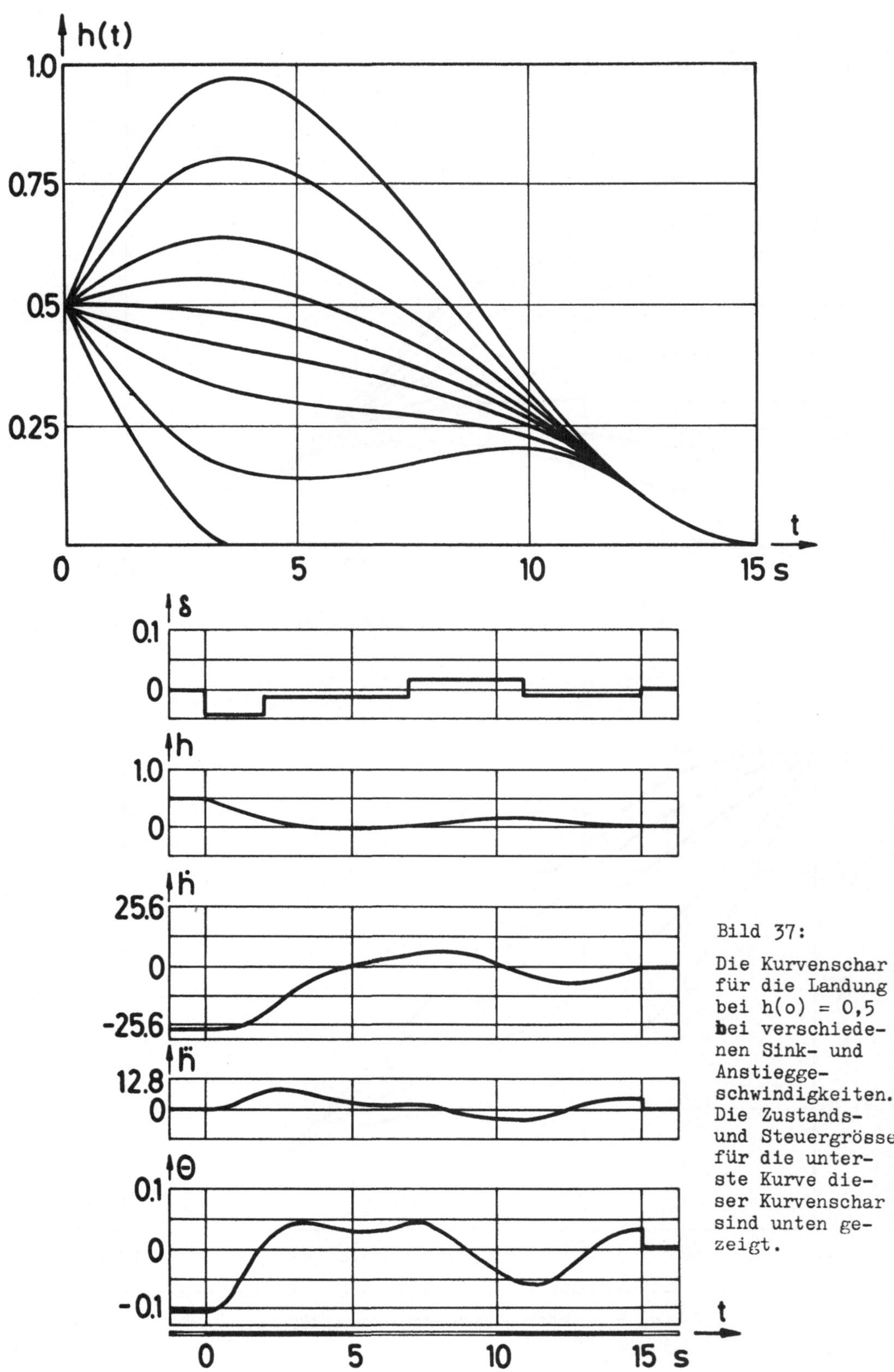

Bild 37:

Die Kurvenschar für die Landung bei h(o) = 0,5 bei verschiedenen Sink- und Anstieggeschwindigkeiten. Die Zustands- und Steuergrösse für die unterste Kurve dieser Kurvenschar sind unten gezeigt.

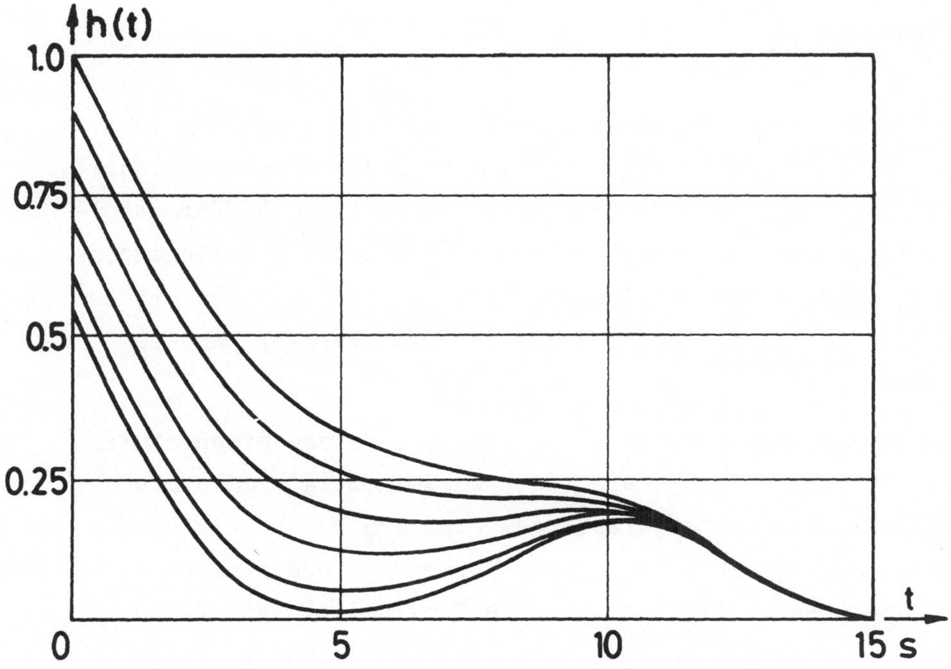

Bild 38: Die Kurvenschar für die Sturzeigenschaften bei verschiedenen Höhen. $(\dot{h}(o) = 3h_{ideal}(o))$

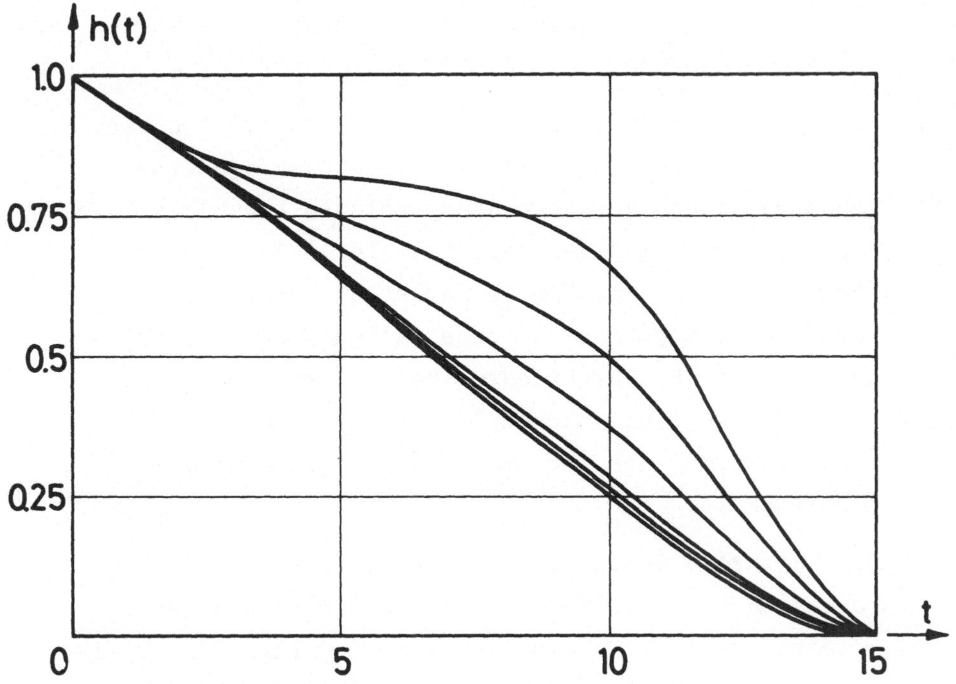

Bild 39: Die Kurvenschar für die Landung mit idealen Anfangsbedingungen, aber für verschiedene Endbedingungen.

<u>ZUSAMMENFASSUNG</u>

Diese Arbeit befasst sich mit der Steuerung (bzw. Regelung)
von linearen Regelsystemen mit quadratischer Zielfunktion.
Das lineare Regelsystem kann durch gewöhnliche Differentialgleichung, Differential-Differenzengleichungen, Differenzengleichung oder partielle Differentialgleichungen beschrieben
werden. Der Zustandsvektor oder der Steuervektor kann beschränkt sein.

Mit einer direkten Optimierungsmehtode, welche einen stufenförmigen Steuervektor verwendet, wurde gezeigt, dass die
Lösung für Betragsbeschränkungen eine quadratische Programmierungsaufgabe ist. Für andere Formen der Restriktionen
wird die Lösung eine nichtlineare Programmierungsaufgabe
sein. Falls keine Restriktionen vorhanden sind, wird die
Lösung eine lineare Rückführung mit variablen Rückführungskoeffizienten sein.

Die Vorteile der vorgeschlagenen Optimierungsmethode werden
hier kurz zusammengefasst:

1. Die Optimierung für Zielfunktionen mit $R(t) \equiv o$ kann
   durchgeführt werden. Dies bedeutet, dass man eine
   grössere Klasse von Regelungsproblemen behandeln kann
   als dies bis jetzt der Fall ist. In vielen praktischen
   Anwendungen war die Einführung einer Gewichtsfunktion
   für die Steuergrösse nur eine mathematische Notwendig-
   keit, damit die Variationsmethoden verwendet werden.
   Die Befreiung von solchem "Zwang" bedeutet eine bessere Anpassung des mathematischen Modells an die
   Wirklichkeit.

2. Die Matrizen, welche in der Programmierungsaufgabe
   vorhanden sind, können direkt aus der Regelstrecke
   gemessen werden. Man ist damit in der Lage, die Optimierung von Regelstrecken, welche nicht explizit

durch Differentialgleichungen beschrieben sind, durchzuführen.

Mit den vorherigen Methoden war man immer gezwungen, die
Regelstrecke zuerst zu identifizieren. Das ist aber ein
schwieriges Problem, welches oft nicht lösbar ist. Ausserdem wissen wir keine brauchbare Methode zur Identi-
fizierung von Regelstrecken mit Totzeiten oder gemisch-
ten Differentialgleichungen.

Die vorgeschlagene Optimierungsmethode verlangt nur
die Bestätigung der Linearität der Regelstrecke. Das
kann man durch einfache Messungen feststellen.

3. Die vorgeschlagene Optimierungsmethode behandelt
    Betragsrestriktionen und konvexen Restriktionen und
    führt das Problem auf eine mathematische Programmie-
    rungsaufgabe (quadratische oder konvexe) zurück. Die
    Methoden für die Lösung solcher Aufgaben sind in der
    mathematischen Programmierung sehr weit entwickelt und
    geprüft. Die Anwendung der Variationsmethoden liefert
    dagegen eine nichtlineare Randwertaufgabe, deren Lösung
    meistens schwierig ist. Die Beispiele in der regelungs-
    technischen Literatur, die eine annehmbare Lösung die-
    ses Problems demonstrieren, sind spärlich und meistens
    für Regelstrecken zweiter Ordnung durchgeführt. Die
    Lösung mit dem quadratischen (oder konvexen) Rückfüh-
    rungsprogramm dürfte deswegen die geeignete Lösungs-
    methode sein.

4. Falls keine Restriktionen vorhanden sind, erhält man
    eine lineare Rückführung. Die Genauigkeit der Optimie-
    rung ist auch bei einer kleinen Anzahl von Steuer-
    intervallen genügend. Das resultierende lineare Glei-
    chungssystem besitzt eine positiv-definite Matrix.

Zudem können Endbedingungen berücksichtigt werden.

5. Die konvexe Rückfürhungsmethode lässt sich auf sämt-
    liche Arten von Regelstrecken anwenden. Insbesondere
    liefert sie für Systeme mit Totzeit oder partiellen
    Differentialgleichungen erstmals brauchbare Ergebnisse
    für beschränkte Steuergrössen.

6. Das Trackingproblem mit beschränkter Steuergrösse ist
    erstmals hier gelöst. Bei unbeschränkter Steuergrösse
    erhält man eine einfachere Lösung als dies vorher der
    Fall war. Dasselbe gilt auch für Probleme mit beschränk-
    ter Steuerenergie.

7. Die Regelung unter Einfluss von Rauschen am Eingang
    oder am Ausgang kann behandelt werden. Zudem ist die
    Anwendung der Separation, ohne Aussagen über die Art
    des Rauschens, durchgeführt.

Man muss aber hier erwähnen, dass die konvexe Rückfürhungsmethode nicht geeignet ist für die Erhaltung einer Lösung in ab-
geschlossener Form. Für gewisse partielle Differentialgleichungen
können Ausdrücke für die benötigten Matrizen gewonnen werden. Es
ist daher zu empfehlen, dass diese Matrizen "OFF-Line" durch numerische Integration der Differentialgleichungen oder durch direkte
Messungen der Regelstrecke zu bestimmen.
Sobald aber die Matrizen vorhanden sind, ist die Anwendung der
konvexen Rückführungsmethode für direkte Computer-Steuerung sehr
geeignet. Das Landungssystem in Kapitel 5 zeigt deutlich, wie
man die obigen Vorteile der Rückführungsmethode für ein prakti-
sches Beispiel ausnützt. Viele Rechenbeispiele wurden am Institut für Automatik und Industrielle Elektronik der ETH als Di-
plom- und Studienaufgaben durchgeführt [5,11,14,16,19,31,36].

Davon ist eine Studienarbeit [31] über das Messen der Matrizen
für einen DC-9 Simulator der Swissair, mit dem Ziel, das Landungssystem in Kapitel 5 für den DC-9 Simulator durchzuführen.

Der Autor dankt daher der Institutsleitung sowie den beteiligten
Diplomanden für ihre wertvolle Hilfe.

- 158 -

SCHRIFTTUM

1. Athans, M. und Falb, P.: Optimal Control. Mc Graw Hill 1966.

2. Baldwin, J.und Sims-Williams, J.: On line Control Scheme using a successive Approximation in Policy Space Approach. J. Mathm. Analysis and Applications. Vol. 22, Nr. 3, June (1968).

3. Bellman, R. (Ed.): Mathematical Optimization Techniques. University of California Press (1963).

4. Bellman, R. und Cooks, K.: Differential - Difference Equations. Academic Press (1963).

5. Bonzon, M. und Gargantini, J.: Optimale Steuerung von linearen Systemen mit quadratischer Zielfunktion. Diplomarbeit W.S. 1968, Institut für Automatik, ETH.

6. Brogan, W.: Optimal Control Theory applied to Systems described by partial differential equations. Advances in Control (6), Academic Press, (1968).

7. Butkowskii, A. und Lerner, A.: The optimum control of Systems with distributed Parameters. Automation and Remote Control, Nr. 6, S. 472 ... 477 (1960).

8. Butkowskii, A.: Optimum Processes in Systems with distributed Parameters. Automation and Remote Control, Nr.21,Nr.1 S. 13 ... 21 (1961).

9. Butkowskii, A.: A broadened Principle of the Maximum for optimal Control Problems. Automation and Remote Control 24, Nr. 3, S. 292 ... 304 (1963).

10. <u>Cook, G. und Funk, J.:</u> Quadratic Control Problems with
an Energy Constraint (Approximate Solution). Automatica
Vol. 4, pp 351 ... 364, Nov. (1968).

11. <u>Coppey, J. und Schöni, J.:</u> Digitale Antenennsteuerung.
Studienarbeit am Institut für Automatik, ETH. S.S. (1969).

12. <u>Chyung, D. und Lee, B.:</u> Linear optimal Systems with time
delays. J. STAM. Control. Vol. 4, Nr. 3, pp 549 ... 575
(1966).

13. <u>Deley, G. und Franklin, F.:</u> Optimal bounded Control of
linear sampled-data Systems with quadratic loss. J. of.
Basic Engineering, Nr. 3, pp. 135 ... 141 (1965).

14. <u>Eggenberger, U.:</u> Die optimale Steuerung von Regelsystemen mit Totzeit. Diplomarbeit am Institut für Automatik,
ETH, S.S. (1969).

15. <u>Flügge-Lotz, I. und Ross, D.:</u> An optimal Control Problem
for Systems with Differential-Difference equation dynamics.
Journal of Optimization. Vol. 7, Nr. 4, pp 609 ... 633,
Nov. (1969).

16. <u>Gerber, W. und Zeindler, P.:</u> Optimale Dreipunktsteuerung
mit quadratischer Zielfunktion. Diplomarbeit am Institut
für Automatik, ETH. W.S. (1968).

17. <u>Halanay, A.:</u> Differential equations (Stability, Oscil-
lations, Time Lag). Academic Press (1966).

18. <u>Hadley, G.:</u> Non linear and dynamic Programming. Addison-
Wesley Publishing Componay.

19. <u>Heck, B. und Morf, M.:</u> Flugzeug-Landesystem. Diplomarbeit
am Institut für Automatik, ETH. W.S. (1968).

20. <u>Ichikawa, I. und Tamura, K.:</u> Optimization Problem with
bounded State Variables. Research Reports of Automatic
Control Laboratory. Faculty of Engineering, Nagoya
University, Vol. 15, pp 45 ... 56, April (1968).

21. <u>Ichikawa, K.:</u> Application of Pontryagin's Maximum
Principle to the Optimization of distributed Parameter
System. Reserach Reports of Automatic Control Laborato-
ries, Faculty of Engineering, Nagoya University, 15,
pp 68 ... 76 (1968).

22. <u>Johnson, C.:</u> Singular Solutions in Problems of optimal
Control. Advances of Control, Vol. 2 (Leondes (Ed.)).
Academic Press.

23. <u>Kall, P.:</u> Der gegenwärtige Stand der stochastischen Programmierung. Unternehmungsforschung 10, S. 81 ... 95,
(1968).

24. <u>Kleinman, D. und Athans, M.:</u> The design of suboptimal
linear time-varying systems. IEEE Transactions on
automatic Control. Vol. 13, Nr. 2, pp. 150 ... 159,
April (1968).

25. <u>Kleinman, D.; Fortmann, T. und Athans, M.:</u> On the design
of linear Systems with constant feedback. IEEE Transactions on automatic Control. Nr. 4, pp. 354 ... 362,
August (1968).

26. <u>Kleinman, D.:</u> Solution of linear Regulator Problem with
infinite terminal Time. IEEE Transactions on Automatic
Control (Correspondence). AC - 13, p. 114, Feb. (1968).

27. <u>Kowalik, J. und Osborne, M.:</u> Methods for unconstrained
Optimization. American Elsevier Publishing Company (1968).

28. <u>Kozirov, L. und Kupervasser, Y.:</u> Optimal Control for
a second order System with Constrains on the phase
coordinates and Control. Technical Cybernetics,
pp 392 - 399, April (1968).

29. <u>Künzi, H. und Krelle, W.:</u> Nichtlineare Programmierung.
Springer Verlag (1962).

30. <u>Lack, G. und Enns, M.:</u> Optimal Control Trajectories
with minimax Objective functions by linear Programming.
Joint Automatic Control Conference, pp 474 ... 478,
(1967).

31. <u>Landis, R. und Rufer, D.:</u> Fluglandesystem. Studienarbeit
am Institut für Automatik, ETH, S.S. (1969).

32. <u>Layne, D. und Davis,D.:</u> Optimal Control of a Piecewise
linear System. Int. Journal of Control 3, Nr. 2,
pp 129 ... 138 (1966).

33. <u>Liebelt, P.:</u> An Introduction to optimal Estimation.
Addison-Weseley Publishing Company.

34. <u>Mansour, M.:</u> Höhere Automatik I, II, Vorlesung.

35. <u>Mathis, Th. und Oser, P.:</u> Optimierung von Regelsystemen
mit quadratischer Zielfunktion. Studienarbeit am Institut
für Automatik, ETH, S.S. (1969).

36. <u>Müller, F.:</u> Zeitoptimale Systeme mit Totzeit. Diplomarbeit am Institut für Automatik, ETH. W.S. (1968).

37. <u>Oguztörelli, M.:</u> Time-lag Control Systems. Academic Press
(1966)

38. Pearson, J.: Studies in the optimal Control of dynamic
     Systems. Systems Research Center. Case Institute of
     Technology (1965).

39. Polymeris, A. und Bcelärts, H.: Die optimale Steuerung von
     Systemen mit verteilten Parametern. Diplomarbeit am
     Institut für Automatik, ETH. W.S. (1968).

40. Porter, W.: On Singularities that arise in a Class of
     optimal feedback Systems. IEEE Transactions on Automatic
     Control (Correspondence). Vol. AC - 11, pp 617 ... 619,
     July (1966).

41. Rose, N. und Bronson, R.: On optimal terminal control.
     IEEE Transactions on Automatic Control. Vol. AC - 14
     Nr. 5, p 443 ... 448 (1969).

42. Rutishauser, H.: Numerische Mathematik. I, II. Vorlesung.

43. Sage, A.: Optimal Systems Control. John Willy (1968).

44. Sakawa, Y. und Hayashi, C.: Application of linear Program-
     ming to the numerical solution of optimal Problems. Tokyo
     Symposium pp I. 40 ... I. 50, August (1965).

45. Sakawa, Y.: Optimal Control of a certain type of linear
     distributed parameter Systems. IEEE Transactions on
     Automatic Control, Vol. AC - 11, pp 35 ... 40 (1966).

46. Schulz, D. und Melsa, J.: State Functions and linear
     Control Systems. Mc Graw Hill (1967).

47. Seal, C. und Stubbard, A.: On final value Control. Int.
     J. of Control. Vol. 7, pp 133 ... 145, Feb. (1968).

48. <u>Sorenson, H.:</u> Controllability and Observability of linear, stochastic, time discrete Control Systems. Advances in Control (Leondes (Ed.)), Nr. 6.

49. <u>Tou, J.:</u> Modern Control Theory. Mc Graw Hill (1964).

50. <u>Utterstrom, S. und Kestek, P.:</u> Das Genauigkeits-Anflug- und Landesystem von Boeing-Bendix. Luftfahrttechnik, Raumfahrttechnik 12, Nr. 8, S. 224 ... 229, (1966).

51. <u>Wang, P.:</u> Control of distributed Parameters. Advances of Control. (Leondes (Ed.)), Vol. 1.

52. <u>Wang, P. und Tung, F.:</u> Optimum Control of distributed Parameter Systems. Joint Automatic Control Conference, University of Minnesota, June (1963).

53. <u>Yavin, Y. und Sivan, R.:</u> The optimal Control of distributed Paramter System. IEEE Transactions on Automatic Control, Vol. AC-12, Nr. 6, pp 758 ... 761 (1967).

54. <u>Zadeh, L. und Whalen, B.:</u> On optimal Control and linear Programming. IRE Transactions on Automatic Control Nr. 4, July (1962).

Lecture Notes in Operations Research and Mathematical Systems

Vol. 1: H. Bühlmann, H. Loeffel, E. Nievergelt, Einführung in die Theorie und Praxis der Entscheidung
bei Unsicherheit. 2. Auflage, IV, 125 Seiten 4°. 1969. DM 12,– / US $ 3.30

Vol. 2: U. N. Bhat, A Study of the Queueing Systems M/G/1 and GI/M/1. VIII, 78 pages. 4°.
1968. DM 8,80 / US $ 2.50

Vol. 3: A. Strauss, An Introduction to Optimal Control Theory. VI, 153 pages. 4°. 1968. DM 14,– / US $ 3.90

Vol. 4: Einführung in die Methode Branch and Bound. Herausgegeben von F. Weinberg.
VIII, 159 Seiten. 4°. 1968. DM 14,– / US $ 3.90

Vol. 5: L. Hyvärinen, Information Theory for Systems Engineers. VIII, 205 pages. 4°.
1968. DM 15,20 / US $ 4.20

Vol. 6: H. P. Künzi, O. Müller, E. Nievergelt, Einführungskursus in die dynamische Programmierung.
IV, 103 Seiten. 4°. 1968. DM 9,– / US $ 2.50

Vol. 7: W. Popp, Einführung in die Theorie der Lagerhaltung. VI, 173 Seiten. 4°. 1968. DM 14,80 / US $ 4.10

Vol. 8: J. Teghem, J. Loris-Teghem, J. P. Lambotte, Modèles d'Attente M/G/1 et GI/M/1 à Arrivées et
Services en Groupes. IV, 53 pages. 4°. 1969. DM 6,– / US $ 1.70

Vol. 9: E. Schultze, Einführung in die mathematischen Grundlagen der Informationstheorie.
VI, 116 Seiten. 4°. 1969. DM 10,– / US $ 2.80

Vol. 10: D. Hochstädter, Stochastische Lagerhaltungsmodelle. VI, 269 Seiten. 4°. 1969. DM 18,– / US $ 5.00

Vol. 11/12: Mathematical Systems Theory and Economics. Edited by H. W. Kuhn and G. P. Szegö.
VIII, IV, 486 pages. 4°. 1969. DM 34,– / US $ 9.40

Vol. 13: Heuristische Planungsmethoden. Herausgegeben von F. Weinberg und C. A. Zehnder.
II, 93 Seiten. 4°. 1969. DM 8,– / US $ 2.20

Vol. 14: Computing Methods in Optimization Problems. Edited by A. V. Balakrishnan.
V, 191 pages. 4°. 1969. DM 14,– / US $ 3.90

Vol. 15: Economic Models, Estimation and Risk Programming: Essays in Honor of Gerhard Tintner.
Edited by K. A. Fox, G. V. L. Narasimham and J. K. Sengupta. VIII, 461 pages. 4°. 1969.
DM 24,– / US $ 6.60

Vol. 16: H. P. Künzi und W. Oettli, Nichtlineare Optimierung: Neuere Verfahren, Bibliographie.
IV, 180 Seiten. 4°. 1969. DM 12,– / US $ 3.30

Vol. 17: H. Bauer und K. Neumann, Berechnung optimaler Steuerungen, Maximumprinzip
und dynamische Optimierung. VIII, 188 Seiten. 4°. 1969. DM 14,– / US $ 3.90

Vol. 18: M. Wolff, Optimale Instandhaltungspolitiken in einfachen Systemen. V, 143 Seiten.
4°. 1970. DM 12,– / US $ 3.30

Vol. 19: L. Hyvärinen, Mathematical Modeling for Industrial Processes. VI, 122 pages.
4°. 1970. DM 10,– / US $ 2.80

Vol. 20: G. Uebe, Optimale Fahrpläne. IX, 161 Seiten. 4°. 1970. DM 12,– / US $ 3.30

Vol. 21: Th. Liebling, Graphentheorie in Planungs- und Tourenproblemen am Beispiel des
städtischen Straßendienstes. IX, 118 Seiten. 4°. 1970. DM 12,– / US $ 3.30

Vol. 22: W. Eichhorn, Theorie der homogenen Produktionsfunktion. VIII, 119 Seiten. 4°.
1970. DM 12,– / US $ 3.30

Vol. 23: A. Ghosal, Some Aspects of Queueing and Storage Systems.
IV, 93 pages. 4°. 1970. DM 10,– / US $ 2.80

Vol. 24: Feichtinger, Lernprozesse in stochastischen Automaten. V, 66 Seiten. 4°. 1970. DM 6,– / $ 1.70

Vol. 25: R. Henn und O. Opitz, Konsum- und Produktionstheorie I. II, 124 Seiten. 4°. 1970. DM 10,– / $ 2.80

Vol. 26: D. Hochstädter und G. Uebe, Ökonometrische Methoden. XII, 250 Seiten. 4°. 1970. DM 18,- / $ 5.00

Vol. 27: I. H. Mufti, Computational Methods in Optimal Control Problems.
IV, 45 pages. 4°. 1970. DM 6,- / $ 1.70

Vol. 28: Theoretical Approaches to Non-Numerical Problem Solving. Edited by R. B. Banerji and
M. D. Mesarovic. VI, 466 pages. 4°. 1970. DM 24,- / $ 6.60

Vol. 29: S. E. Elmaghraby, Some Network Models in Management Science.
III, 177 pages. 4°. 1970. DM 16,- / $ 4.40

Vol. 30: H. Noltemeier, Sensitivitätsanalyse bei diskreten linearen Optimierungsproblemen.
VI, 102 Seiten. 4°. 1970. DM 10,- / $ 2.80

Vol. 31: M. Kühlmeyer, Die nichtzentrale t-Verteilung. II, 106 Seiten. 4°. 1970. DM 10,- / $ 2.80

Vol. 32: F. Bartholomes und G. Hotz, Homomorphismen und Reduktionen linearer Sprachen.
XII, 143 Seiten. 4°. 1970. DM 14,- / $ 3.90

Vol. 33: K. Hinderer, Foundations of Non-stationary Dynamic Programming with Discrete Time Parameter.
VI, 160 pages. 4°. 1970. DM 16,- / $ 4.40

Vol. 34: H. Störmer, Semi-Markoff-Prozesse mit endlich vielen Zuständen. Theorie und Anwendungen.
VII, 128 Seiten. 4°. 1970. DM 12,- / $ 3.30

Vol. 35: F. Ferschl, Markovketten. VI, 168 Seiten. 4°. 1970. DM 14,- / $ 3.90

Vol. 36: M. P. J. Magill, On a General Economic Theory of Motion. VI, 95 pages. 4°. 1970. DM 10,- / $ 2.80

Vol. 37: H. Müller-Merbach, On Round-Off Errors in Linear Programming.
VI, 48 pages. 4°. 1970. DM 10,- / $ 2.80

Vol. 38: Statistische Methoden I, herausgegeben von E. Walter. VIII. 338 Seiten. 4°. 1970. DM 22,- / $ 6.10

Vol. 39: Statistische Methoden II, herausgegeben von E. Walter. IV, 155 Seiten. 4°. 1970. DM 14,- / $ 3.90

Vol. 40: H. Drygas, The Coordinate-Free Approach to Gauss-Markov Estimation.
VIII, 113 pages. 4°. 1970. DM 12,- / $ 3.30

Vol. 41: U. Ueing, Zwei Lösungsmethoden für nichtkonvexe Programmierungsprobleme.
IV, 92 Seiten. 4°. 1971. DM 16,- / $ 4.40

Vol. 42: A.V. Balakrishnan, Introduction to Optimization Theory in a Hilbert Space.
IV, 153 pages. 4°, 1971. DM 16,- / $ 4.40

Vol. 43: J. A. Morales, Bayesian Full Information Structural Analysis. VI, 154 pages. 4°, 1971. DM 16,- / $ 4.40

Vol. 44: G. Feichtinger, Stochastische Modelle demographischer Prozesse.
XIII, 404 pages. 4°, 1971. DM 28,- / $ 7.70

Vol. 45: K. Wendler, Hauptaustauschschritte (Principal Pivoting).
II, 64 pages. 4°, 1971. DM 16,- / $ 4.40

Vol. 46: C. Boucher, Leçons sur la théorie des automates mathématiques.
VIII, 193 pages. 4°, 1971. DM 18,- / $ 5.00

Vol. 47: H. A. Nour Eldin, Optimierung linearer Regelsysteme mit quadratischer Zielfunktion.
VIII, 163 pages. 4°. 1971. DM 16,- / $ 4.40

Vol. 48: M. Constam, Fortran für Anfänger. VI, 143 pages. 4°. 1971. DM 16,- / $ 4.40

Vol. 49: Ch. Schneeweiß, Regelungstechnische stochastische Optimierungsverfahren.
XI, 254 pages. 4°. 1971. DM 22,- / $ 6.10

Beschaffenheit der Manuskripte
Die Manuskripte werden photomechanisch vervielfältigt; sie müssen daher in sauberer
Schreibmaschinenschrift geschrieben sein. Handschriftliche Formeln bitte nur mit schwarzer
Tusche eintragen. Notwendige Korrekturen sind bei dem bereits geschriebenen Text ent-
weder durch Überkleben des alten Textes vorzunehmen oder aber müssen die zu korrigie-
renden Stellen mit weißem Korrekturlack abgedeckt werden. Falls das Manuskript oder
Teile desselben neu geschrieben werden müssen, ist der Verlag bereit, dem Autor bei Erscheinen seines Bandes einen angemessenen Betrag zu zahlen. Die Autoren erhalten 75 Frei-
exemplare.

Zur Erreichung eines möglichst optimalen Reproduktionsergebnisses ist es erwünscht, daß
bei der vorgesehenen Verkleinerung der Manuskripte der Text auf einer Seite in der Breite
möglichst 18 cm und in der Höhe 26,5 cm nicht überschreitet. Entsprechende Satzspiegel-
vordrucke werden vom Verlag gern auf Anforderung zur Verfügung gestellt.

Manuskripte, in englischer, deutscher oder französischer Sprache abgefaßt, nimmt Prof. Dr.
M. Beckmann, Department of Economics, Brown University, Providence, Rhode Island
02912/USA oder Prof. Dr. H. P. Künzi, Institut für Operations Research und elektronische
Datenverarbeitung der Universität Zürich, Sumatrastraße 30, 8006 Zürich entgegen.

Cette série a pour but de donner des informations rapides, de niveau élevé, sur des développe-
ments récents en économétrie mathématique et en recherche opérationnelle, aussi bien dans
la recherche que dans l'enseignement supérieur. On prévoit de publier

1. des versions préliminaires de travaux originaux et de monographies

2. des cours spéciaux portant sur un domaine nouveau ou sur des aspects nouveaux de
   domaines classiques

3. des rapports de séminaires

4. des conférences faites à des congrès ou à des colloquiums

En outre il est prévu de publier dans cette série, si la demande le justifie, des rapports de
séminaires et des cours multicopiés ailleurs mais déjà épuisés.

Dans l'intérêt d'une diffusion rapide, les contributions auront souvent un caractère provi-
soire; le cas échéant, les démonstrations ne seront données que dans les grandes lignes. Les
travaux présentés pourront également paraître ailleurs. Une réserve suffisante d'exemplaires
sera toujours disponible. En permettant aux personnes intéressées d'être informées plus
rapidement, les éditeurs Springer espèrent, par cette série de »prépublications«, rendre
d'appréciables services aux instituts de mathématiques. Les annonces dans les revues spécia-
lisées, les inscriptions aux catalogues et les copyrights rendront plus facile aux bibliothèques
la tâche de réunir une documentation complète.

Présentation des manuscrits
Les manuscrits, étant reproduits par procédé photomécanique, doivent être soigneusement
dactylographiés. Il est recommandé d'écrire à l'encre de Chine noire les formules non
dactylographiées. Les corrections nécessaires doivent être effectuées soit par collage du
nouveau texte sur l'ancien soit en recouvrant les endroits à corriger par du verni correcteur
blanc.

S'il s'avère nécessaire d'écrire de nouveau le manuscrit, soit complètement, soit en partie, la
maison d'édition se déclare prête à verser à l'auteur, lors de la parution du volume, le
montant des frais correspondants. Les auteurs reçoivent 75 exemplaires gratuits.

Pour obtenir une reproduction optimale il est désirable que le texte dactylographié sur une
page ne dépasse pas 26,5 cm en hauteur et 18 cm en largeur. Sur demande la maison
d'édition met à la disposition des auteurs du papier spécialement préparé.

Les manuscrits en anglais, allemand ou francais peuvent être adressés au Prof. Dr. M. Beckmann, Department of Economics, Brown University, Providence, Rhode Island 02912/USA
ou au Prof. Dr. H.P. Künzi, Institut für Operations Research und elektronische Datenverarbeitung der Universität Zürich, Sumatrastraße 30, 8006 Zürich.